La Vie des Termites

白蟻の生活

モーリス・メーテルリンク

尾崎和郎＝訳

工作舎

白蟻の生活　目次

序
運命の予言者
われわれの眼前には、火星や金星や木星にみつけるようなファンタスティックな予言的社会がある。
007

1章
シロアリの巣
数千年の歳月によってやせほそり、蝕まれ、風化したピラミッドやオベリスクにもみえる。
017

2章
食物
かれらは木や根やイバラや草があるところに無尽蔵の食糧を見出しているのだ。
037

3章
ハタラキ・シロアリ
自然が提案しているように思えるきたない理想が、
この共和国では経済的見地から実現されている。
045

4章
兵隊シロアリ
角製の楯と、力強い筋肉によって動く海ザリガニ、
まるで悪夢からとびだしてきたような怪物たち。
051

5章
国王夫婦
王と女王の結婚がどのように成就するのか、
シロアリ学者も意見の一致をみない。
069

6章 分巣 073
満たされることなき愛をもとめて、
婚約者たちは大空にむかって上昇する。

7章 被害 087
イスがくずれ、テーブルがつぶれ、屋根がおちる。
すべてが道化の精によって仕組まれているかのようだ。

8章 神秘の力 095
コロニーの異常な繁栄、安定、協調、無限の存続は、
一連の幸福な偶然にのみよるのではない。

9章 シロアリ社会のモラル 105
最後のねむりのなかにしか休息はない。
病気さえも許されず、衰弱は死刑判決同然である。

10章
運命
全体は完璧になろうとし、無限に長い年月があった。
だが、なぜ完璧ではないのか。 113

11章
本能と知能
一つの理性的行為があったのなら、複数の理性的行為があるのは自然だ。
一切か無である。 131

文献　メーテルリンク年譜 147

訳者あとがき　尾崎和郎 175

＊行間の★印数字は原註を示し、その章の最後に対応、収録してあります。

序

運命の予言者

われわれの眼前には、火星や金星や木星にみつけるような
ファンタスティックな予言的社会がある。

I

『蜜蜂の生活』において述べたことは、すべて専門家によってその正確さを保証されたのであるが、『白蟻の生活』もまた、最近流行している小説風なドキュメントではない。私は『蜜蜂の生活』を書いたときのプリンシプルを忠実にまもる。すなわち、想像上の楽しい驚異を現実の驚異に決してつけくわえないということである。あれからさらに年をとったので、この誘惑に抵抗することは私にとっていっそうたやすいことだ。真理のみが驚異であるということを、すべての人が年をとるとともに知るのである。語り手もまた、年をとるとともに、自分よりもはやく年老いるのは本質的な部分でなくて飾りの部分であり、厳密に提示された事実や、簡潔かつ明確に示された考察は、明日になっても、今日とほぼ同じ様相をもつものであることをまなぶのである。

それゆえ、私は確定的でなく、容易に検証しえないような事実や観察を述べたり、報告したりすることはひかえた。私たちがこれから入りこもうとしている世界のような、未知の奇異な世界を問題にするときには、それが第一の義務である。もっとも罪のない気まぐれ、もっとも軽い誇張、もっとも小さい不正確でさえも、この種の研究からあらゆる信用とあらゆる興味をうばいさってしまうだろう。むろん、このようなことは、先達が私をある点で誤りにみちびいていないかぎりほとんどないことである。そして、先達が私を誤りにみちびいているということはほとんどありえないはずである。というのは、私は純粋に客観的で、ひじょうに冷静な書記である専門の昆虫学者の著作のみを重視したからである。かれらは科学的観察にたいする信仰のみをもち、研究する昆虫の異常性格についてはほとんどいつも気づいていないようにみえ、まったくといっていいほど、この異常性格に固執したり、それを誇張しようとは考えないのである。

シロアリについてわれわれに語ってくれた数多くの旅行者の話を、私はあまり借用しなかった。かれらは原住民のむだ話を無批判にくりかえし、話を誇張する傾向があるので、あまり信用がおけないのである。私がこの原則を無視したのは、有名な探険家、たとえば、博識で細心な科学者デイビッド・リビングストーンのような探険家の場合のみである。

おのおのの記述に関して、ページの下に註やノートをつけることはたやすいことであったであろう。ある章などは、あらゆる文章にふんだんに註をつけなければならず、ひじょうに厳密な学校用テキストのように、註釈が本文をのみこんでしまったかもしれない。シロアリをあつかった文献はミツバチの文献のようにまだ多くないので、巻末の簡単な参考書目がその代わりとして役にたつだろうと私は考える。

私は、さまざまな事実が種々雑多なところに隠され、断片的に散在し、そして、おのおの孤立しているがゆえにしばしば無意味であることに気づいた。『蜜蜂の生活』の場合と同じように、私の役割りはこれらの事実を結合し、できるだけ調和的にまとめ、相互的に関連づけ、それに適切な考察をくわえ、そして、とりわけ事実を明かるみに引きだすことである。それというのも、昆虫にとくに興味をもつ好事家が日に日にふえているにもかかわらず、かれらによってさえも、シロアリの秘密はミツバチの秘密以上に知られていないからである。

これらの事実の解釈のみが多少とも私の権限である。むろん読者もまた私とちがった結論を引きだす権限をもっているであろう。ある昆虫に関する研究――とりわけこのような奇異な昆虫に関する特殊研究は、ようするに、他の惑星からきたようにみえる未知の未開人種についての物語りにほかならない。この物語りは人間に関する物語りと同じように、厳密な方法と公平無私の態度とをもって取りあつかわれなければならない。

この著作は『蜜蜂の生活』と対をなすといえるが、色合いと雰囲気はちがっている。二つの著作は、いわば、昼と夜、夜あけと夕ぐれ、天国と地獄である。すくなくとも一見したところ、一方は――ミツバチにもそれなりの悲劇と悲惨とがあるのであまり深い意味をこめてはならないが――光、春、夏、太陽、香り、空間、つばさ、紺碧、露、大地の歓喜のなかでの比類なき幸福である。他方は、闇、地下の圧迫、きびしさ、卑劣な貪欲、独房や徒刑や墓地の雰囲気である。しかし、シロアリの場合、一つの思想または本能にたいする――結果が同じなのだから、呼び方は問題ではない――はるかに完全な、より英雄的な、より思慮深い、より知的な、しかも、並はずれて大きい、ほとんど無限の犠牲がみられる。ようするに、外観の美しさを欠いていることが、われわれをこの犠牲者に近づけ、かれらと親密にさせ、そしてミツバチや地球上の他のあらゆる生きもの以上に、この不幸な昆虫を若干の点でわれわれ自身の運命の先駆者と予言者とにするのである。

II

シロアリは白いといえるかどうか疑問であるが、俗に白いアリと呼ばれる。シロアリの文明は、人間の出現よりも一億年先行する、というのが、地質学者の言を拠りどころとした昆虫学者の推測である。この推測を検証するのはむずかしい。その上、学者はしばしば意見を異にする。たとえば、N・ホルムグレンのような学者は、二畳紀に消滅した原始的ゴキブリ類、プロトブラトイッドと関連づけて、その起源を古生代末期の無限に深い闇のなかにさかのぼらせる。別の学者はイギリス、ドイツ、スイスの黒ジュラ紀に、すなわち、中世代にシロアリを見出す。またある学者は、始新生、すなわち、第三紀にすぎないという。ある人は琥珀の化石のなかに一五〇種類のシロアリを確認した。ともかく、シロアリはあきらかに数百万年前にさかのぼる。そして、このことだけで十分である。

人の知るかぎりもっとも古いこの文明は、もっとも奇異な、もっとも複雑な、もっとも知的な、ある意味ではもっとも論理的な文明である。そして、人類の文明以前に地球上にあらわれた文明のなかで、生存の困難にもっとも適応した文明である。獰猛で、不吉で、しばしば嫌悪感をあたえるが、さまざまの点で、ミツバチ、アリ、そして、人間自身の文明よりもまさっている。

III

シロアリの文献はミツバチやアリのそれにくらべてはるかにすくない。シロアリに真剣にとりくんだ最初の昆虫学者はＪ・Ｇ・ケーニッヒである。彼はインドのマドラス地方、トランクバールで長期間生活し、時間をかけてシロアリを研究した。彼は一七八五年に死亡した。つぎはヘンリー・スミースマンである。彼はヘルマン・ハーゲンとともにシロアリ学の真の父である。アフリカのシロアリに関する一七八一年の彼の報告は、すべてのシロアリ研究者にとって、観察と解釈の汲みつくせぬ真の宝庫である。そして、その正確さが彼の後継者の著作、とりわけ、Ｇ・Ｂ・ハビランドとＴ・Ｊ・サビッジの著作のなかで、ほとんどいつも立証された。つぎにケーニヒスベルクのヘルマン・ハーゲンであるが、彼は一八五五年にベルリンの『昆虫学』に体系的で完全な研究論文を書き、ドイツ人がこの種の仕事に示すあの公認の正確さと精密さと細心さとをもって、古代インド、エジプトから現在にいたるまでに書かれたすべての著作、論文を分析した。そして、アジア、アフリカ、アメリカ、オーストラリアなどでシロアリを研究した全探険家の数百の研究を要約し、批評したのである。

最近の仕事では何よりもつぎのような人たちをあげなければならない。シロアリの微生物学を定め、シロアリの腸のなかの原生動物のおどろくべき役割りに気づいた最初の人、グラシとサンジアス。忌光性シロアリと呼んだのは、たぶんまちがっているであろうが、ヨーロッパの小シロアリのことをおしえてくれるシャルル・レスペス。フリッツ・ミューラー。南アメリカのシロアリを研究したフィリッポ・シルベストリ。アフリカのシロアリに興味をもち、何よりも分類学者としての仕事をしたY・ショーステッド。博物学者W・サビル・ケントとともに、オーストラリアのシロアリについて語れるほとんどすべてのことを探ったW・W・フロガット。とくにコンゴのシロアリを研究したE・ヘーグ。彼はハーゲンの仕事を一九二二年まで継続し、豊富な図解入りの完璧で注目すべき著作をあらわし、そのなかで、その時点でシロアリに関して知りうるすべてのことを要約した。さらにバスマン、A・イムス。スエーデンのすぐれたシロアリ学者ニルス・ホルムグレン。とりわけエリトレのシロアリについてきわめて興味深い研究をおこなったドイツの昆虫学者K・エッシュリッヒ。参考文献のなかに見出されるすべての名前を引用すると際限がないので、最後にL・R・クリーブランドの名を引用するにとどめたい。彼はハーバード大学のすばらしい研究所で、木食い虫（すなわちシロアリ）の腸の原生動物に関して、長年、実験と研究をかさねているが、それは現代生物学のもっとも忍耐強い、もっとも明敏な実験と研究の一つである。以下においてたびたび引用する機会のあるE・ビュニオンの興味深い研究論文もまたわすれてはならない。そのほかのものについては巻末の参考文献にゆずることにしたい。

この文献は膜翅類に関する文献とは比較にならないが、ある政治的、経済的、社会的構造の概略、いいかえれば、われわれがこの調子ですすみ、時期おくれになる前に行動しないならば、われわれをおそうであろう運命の概略をあきらかにするには十分である。おそらくわれわれは、そこにいくつかの興味深い示唆や有益な教訓を見出すことができるであろう。くりかえしていうが、ミツバチやアリは別として、現在、この地球上には、われわれにこれほど遠いと同時にこれほど近く、また、みじめさと、すばらしさと、友愛とにおいてこれほど人間的な生物は存在しないのである。

ユートピア主義者たちは想像力をこえるところに未来社会のモデルをもとめる。しかし、われわれの眼前には、おそらく火星や金星や木星に見出せるような社会と同じくらいファンタスチックな、本当らしくない、予言的な社会のモデルがある。

IV

シロアリは、ミツバチやアリのような膜翅目ではない。その科学的分類はかなりむずかしく、まだ決定的には確立していないようである。しかし、一般的には、直翅目、脈翅目、噛《ゴウ》虫目などのなかにくみいれられている。現在、それは明確な一つの目、すなわち等翅目を構成している。その社会的本能のゆえに、好んで膜翅目のなかにいれる昆虫学者もいる。

大シロアリはもっぱら熱帯ないし亜熱帯に棲息する。すでに指摘したように、その名前にもかかわらず白いことはまれである。むしろ、それが棲息する土の色に近い。体長は種類に応じて三ミリから一〇—一二ミリである。いいかえれば、飼育ミツバチと同じくらいの大きさになることもあるということである。形態が信じがたいほど多様であることはあとで述べるが、すくなくとも大多数のシロアリは、下手に描いたアリにいくらか似ている。横筋のあるその長い腹部は幼虫を思わせるようなやわらかさである。

同じくあとで述べるが、自然が生存競争用の武器をこれほどわずかしかあたえなかった生物もすくない。ミツバチの針も、宿敵であるアリのおそるべきキチン質のヨロイももちあわせていない。ふつう、ハネがある場合、ハネはかれらを大殺戮にみちびくために、愚弄的に貸しあたえられているにすぎない。かれらは鈍重で、敏捷さを欠いており、危険からすみやかにのがれることができない。幼虫のように傷つきやすく、その美味な肉をむさぼる鳥や爬虫類や昆虫にたいして無防備である。かれらは赤道地方でしか生きのびることができない。しかも、まったく矛盾したことではあるが、太陽光線にさらされるとたちまち死滅する。湿気が絶対に必要であるにもかかわらず、七、八カ月間一滴の雨もふらない地方で、ほとんどいつも生きなければならない。ひとことでいえば、自然は人間にたいしてと同じようにシロアリにたいしても、不当で、意地悪で、皮肉で、きまぐれで、非論理的で、不実であった。しかし、シロアリは、健忘症の、奇妙な、あるいは、単純に無関心な継母があたえてくれた唯一の有利な条件、すなわち、シロアリでは本能と呼ばれ、人間ではなぜかしら知能と呼ばれる目に見えない小さな力を、人間と同じようにうまく――すくなくとも今日までは、ときおり人間以上にうまく利用してきた。まだ決まった名前さえもないこの小さな力をつかって、かれらは自己を改造し、われわれと同じように発生時には所有していなかった武器をつくりあげた。そして、組織をつくり、難攻不落になり、その都市に必要な温度と湿度をたもち、未来を保証し、無限に増殖し、地球上でもっとも強靭な、もっとも根強い、もっともおそるべき占領者となり、征服者となった。

シロアリはしばしば醜悪であるが、ときにはすばらしい昆虫である。それはわれわれの知る全生物のなかで、われわれと同じように悲惨な状態から出発し、ある点では今日のわれわれと同じ程度の文明に到達することのできた唯一の生物である。それゆえ、この昆虫にしばらくのあいだ興味をもつのは無益でないように私には思われるのである。

1 章

シロアリの巣

数千年の歳月によってやせほそり、蝕まれ、風化した
ピラミッドやオベリスクにもみえる。

一二〇〇種から一五〇〇種のシロアリがいるが、もっともよく知られているのはつぎのようなシロアリである。巨大な塚をつくるテルメス・ベルリコスス（*Termes bellicosus*）。ネモロスス（*Nemorosus*）。ヨーロッパに出現したルキフグス（*Lucifugus*）。インケルトス（*Incertus*）、ウルガリス（*Vulgaris*）、コプトテルメス（*Coptotermes*）、ボルネンシス（*Bornensis*）。針をもった兵隊のいるマンゲンシス（*Mangensis*）。リノテルメス（*Rhinotermes*）、テルメス・プラヌス（*Termes planus*）、テヌイス（*Tenuis*）、マラヤヌス（*Malayanus*）。ときどき地上で生活し、その兵隊シロアリが荷物運びのハタラキ・シロアリをとりかこみながら、ジャングルのなかを長い行列をつくって通るめずらしいシロアリ、ウィアトル（*Viator*）。テルメス・ロンギペス（*Termes longipes*）、フォラミニフェル（*Foraminifer*）、スルフレウス（*Sulphureus*）。獰猛な兵隊シロアリが立ち木を決然として攻撃するゲストロイ（*Gestroi*）。あとで述べるが、兵隊シロアリがひじょうに独特なリズムをもった神秘的な打音を発するテルメス・カルボナリウス（*Termes carbonarius*）。テルメス・ラテリクス（*Termes lalericus*）、ラケスシトス（*Lacessitus*）、ジウェス（*Dives*）、ギルウス（*Gilvus*）、アザレルリ（*Azarellii*）、トランスルケンス（*Translucens*）、スペキオスス（*Speciosus*）、コミス（*Comis*）、ラチコルニス（*Laticornis*）、ブレウィコルニス(*Brevicornis*)、フスキペンニス(*Fuscipennis*)、アトリペンニス(*Atripennis*)、オウィペンニス(*Ovipennis*)、レグラリス(*Regularis*)、イナニス(*Inanis*)、ラチフロンス(*Latifrons*)、フィリコルニス(*Filicornis*)。ボルネオ島に棲息するソルジドス(*Sordidos*)、マラッカのラボラトル(*Laborator*)。牡ヤギのツノのかたちをした大アゴをバネのようにのばして、二〇センチから三〇センチも跳ねるカプリテルメス(*Capritermes*)。テルモプシス(*Termopsis*)。進化のもっともおくれているカロテルメス(*Calotermes*)。そのほかに数百種類いるが、列挙しても退屈するだけであろう。

つけくわえておきたいことは、ほとんど姿をあらわさないこの異国の昆虫の習性に関する観察は、最近はじめられたばかりで不完全であるということ、多くの点があいまいであるということ、そして、シロアリ社会は神秘にあふれているということである。

実際、シロアリはヨーロッパにくらべて科学者がきわめてすくない国に棲息しているばかりか、すくなくとも、アメリカ人が興味をもつまでは実験室の昆虫ではなかった。ミツバチやアリのように、巣やガラス・ビンのなかで研究することはほとんど不可能である。フォレル、シャルル・ジャネ、ラボック、バスマン、コルネッツのようなすぐれたアリ学者も、シロアリを研究する機会がなかった。シロアリが昆虫学教室に入るのは、一般的にいえば、その教室を食いあらして破壊するためである。他方、シロアリの巣を掘りおこすのは、たやすくもなければ、快適なことでもない。巣をおおう円屋根は、オノの刃がこぼれ、火薬で爆破しなければならないほど固いセメントである。

原住民は恐怖や迷信からしばしば研究家への助力をこばむ。ドビルがそのコンゴ旅行について語っているように、一瞬のうちに研究者を包みこみ、かみついて放さない何千匹の兵隊シロアリの攻撃をさけるために、研究者は革の服をつけ、顔を隠さなければならない。このように苦労して巣をひらいたとしても、おそるべき大混乱の光景が見えるだけで、決して日常生活の秘密がわかるわけではない。その上、地下数メートルのところに埋没している最後の巣には、絶対に到達できないのである。

なるほど、七〇年前、フランスの昆虫学者シャルル・レスペスは、退化したものと思われる、ひじょうに小さいヨーロッパ系のシロアリを丹念に研究した。このシロアリはかすかに琥珀色をした半透明の白色であるが、アリと混同されやすい。それはとりわけシチリア島のカタニア地方や、ボルドー近辺の荒野に見出され、松の古い切り株をすみかとしている。暑い国のシロアリとちがって、家に入りこむことはきわめてまれであり、とるにたりない被害しかもたらさない。体長は小さいアリくらいで、よわよわしく、みすぼらしい。数もすくなく、無害で、ほとんど無防備である。それはシロアリの貧しき縁者であり、おそらく、後述するルキフグス・シロアリの遠い子孫であろう。ともかく、このシロアリは熱帯の共和国の組織や慣習について、おおよそのことしかおしえてくれない。

II

ある種のシロアリは無数の坑道が根もとまでのびている木の幹のなかで生活している。またある種のシロアリ、たとえばテルメス・アルボレウム（*Termes arboreum*）は、その巣を木の枝にしっかりと固定させる。その巣ははげしい台風にももちこたえ、それを手にいれるには枝をノコで切りおとさなければならない。しかし、典型的な巣、すなわち、大型のシロアリの巣はつねに地下である。かれらの巣の構造以上にファンタスチックで、面くらわせるものはない。巣の構造は地域によってちがう。同じ地方でも、種属、土地条件、入手可能な物質によってさまざまに変わる。シロアリの才能は無尽蔵であり、あらゆる状況に適応する。もっとも奇怪なのはオーストラリアのシロアリの巣である。W・サビル・ケントはそれを数枚の写真にとり、彼の堂々たる四つ折り版『オーストラリアの科学者』にのせている。巣はある場合には、底が周囲三〇歩、高さ三、四メートル、でこぼこの単純な塚である。ある場合には、シベリアの寒風にさらされるとたちまち凝固しそうな、泥の大きな堆積やおそるべき砂岩の泡のような外観を呈している。それはまた、有名なために見学者が多い洞窟内の、タイマツによってくすぶった哀れっぽい巨大な石筍を思わせる。あるいはさらに、ある種の野生の孤独なミツバチのミツ貯蔵用の巣を一〇万倍に拡大したような、不定形な巣穴の堆積を想像させる。あるいはまた、つみかさなり、からみあったキノコ、行きあたりばったりに糸でつなぎあわせたスポンジ、風雨にさらされた乾し草やムギワラの山、ノルマンジーやピカルジーやフランドルのムギ束の山などを連想させる。ムギ束の山のスタイルは家のスタイルと同じように明瞭で安定している。もっとも注目すべき巣は、オーストラリアにしか見られないブソル(羅針盤)、マニェチック(磁石)、メリジアン(子午線)と呼ばれるシロアリの巣である。巣のひろい部分が南をむき、せまい部分が北をむいて、巣がつねに厳密に南北の方向をさしているためにこのように名づけられている。昆虫学者はこの奇妙な巣の向きについてさまざまの仮説をたてたが、まだ確定的な説明を見出していない。突きでた針、ひらいた花のような尖塔の群、飛迫控《トビセリヒカエ》、多様な支え壁、はみだしながらつみかさなるセメントの層でできたかれらの巣は、何世紀にもわたって侵蝕された大聖堂や、ギュスターブ・ドレが思いえがく城の廃墟や、ビクトル・ユゴーがインクのしみかコーヒーのしぼりかすをうすめて描いた幽霊城を思いおこさせる。もっとひかえめなスタイルの別の巣は、ひじょうに丈の高い波形の列柱のようにみえる。また、六メートルの高さにそびえ、ちょうど、数千年の歳月によってやせほそり、蝕まれ、風化したピラミッドやオベリスクのようにみえるものもある。

このような奇怪な建築物が生まれるのは、シロアリがわれわれのように外側からではなくて、内側から家を建てるからである。かれらは目が見えないので、自分が何を建てているのかがわからない。しかし、たとえ目が見えても、決して外にでないので、自分の建てたものが理解できないであろう。かれらは家の内部にのみ関心をもち、外観には無関心である。内部から手さぐりで建てるというかれらの方法は――人間の大工はだれもこのような危険をおかさないであろう――まだ十分に解明されていない神秘である。シロアリが巣をつくるのを見たものはまだひとりもいない。実験室での観察は困難である。シロアリはすぐにかれらのセメントでガラスをおおったり、必要に応じて、特別の液体でそれをくもらせたりするからである。シロアリは何よりも地下の昆虫であるということを忘れてはならない。かれらはまず地下にもぐり、そこを掘る。そして、土を掘りながら、コロニーの必要に応じた高さと広さの住居に変化させるのであるが、この間に二次的かつ不可避的にできあがる上部構造がシロアリ塚にほかならない。

しかし、セイロンのシロアリを四年間にわたり子細に研究したプロバンスの昆虫学者、M・E・ビュニオンの研究報告によって、かれらのやり方をいくらか想像することができる。ヤシの木にいるシロアリ、エウテルメス・ケイロニクス（*Eutermes ceylonicus*）について（これは針をもった兵隊シロアリのいる種類であるが、針についてはあとでふれる）、M・E・ビュニオンはつぎのようにいっている。

「このシロアリは土のなかや、ヤシの根の下や、ときには、原住民がシロップをしぼるキチュール・ヤシの根もとに巣をつくる。根もとから頂上の芽のところまで、幹にそって垂れている灰色のヒモによって、このシロアリのいることがわかる。ほぼエンピツくらいの太さのこのヒモは小さなトンネルとなっているが、木の頂上の食物のところに行くハタラキ・シロアリと兵隊シロアリはこれによってアリからまもられる。

木くずと土を固めてつくったエウテルメスのヒモは、科学者にとって貴重な研究材料である。トンネルの一部分をナイフで切りとって虫メガネで見ると、かれらの補修工事が観察できるからである。

一九〇九年一二月一九日、この種の実験がシーニゴーダのプランテーションでおこなわれた。午前八時、快晴。温度計は二五度をさしている。ヒモは東側にあって直射日光をうけている。ヒモの表面を長さ一センチメートルほど掻きけずると、まず、一〇匹ほどの兵隊シロアリが切り口のところに姿をあらわす。かれらは不慮の敵に対決しようとして触角を外にむけ、すこし前にすすんできて円形に並ぶ。私は一五分間その場をはなれたが、かえってきてみると、すべてのシロアリが坑道にもどり、こわされた部分の修理に専念していた。一列の兵隊シロアリが破れたところに陣どっている。かれらは頭を外にだし、体をなかに隠している。触角を敏捷にうごかし、割れ目の縁をけんめいになってかみ、唾液でしめらせている。他の部分よりも色の濃い、しめった縁がすでにまわりに見える。まもなく、ハタラキ・シロアリに属するあたらしい種類の一匹のシロアリがやってくる。彼は触角をつかって位置をたしかめたあと、とつぜん向きを変えてオシリを見せ、直腸から黄褐色の不透明な小滴をだして破損箇所にかける。まもなく、もう一匹のハタラキ・シロアリが――これも中からやってきたのだが――口に一粒の砂をくわえて姿をあらわす。小さい切り石の役をはたすこの砂粒は、小滴の上の決められた場所におかれる。

作業は一定の形でくりかえされる。一匹のハタラキ・シロアリが破れたところを検査し、ふりむき、黄色の滴をだすと、代わって、もう一匹のシロアリが砂粒をかかえてきて縁にのせる。交互におこなわれるこの作業を、私は半時間のあいだ見ることができる。砂の代わりに小さい木くずをもってくるシロアリもいる。触角を絶えずうごかしている兵隊シロアリは、ハタラキ・シロアリの保護と、作業の監督という特殊な任務にたずさわっているようにみえる。かれらは最初と同じように破れたところに一列に並んでいるが、ハタラキ・シロアリが姿をあらわすと、場所をあけ、荷物をおくべき場所を指示するようにみえる。

完全に内部からおこなわれる補修工事は一時間半つづいた。兵隊シロアリとハタラキ・シロアリは、後者が比較的少数であるが、同意のもとに仕事を分担していた。」

一方、K・エッシュリッヒ博士はある熱帯植物園でテルメス・レデマンニ・バスム（*Termes Redemanni Wasm*）のやり方を観察する機会をもち、かれらがひじょうに明確なプランをもっているのに気づいた。

かれらはまず煙突を用いて一種の足場をきずき、つぎに、空洞の部分をすべて埋めることによってこの足場を堅固な建物に変え、壁面を念入りに地ならししながら巣を完成するのである。

III

クイーンズランドや西オーストラリアやヨーク岬、とくに、アルバニ山道付近では、シロアリの巣が一定の間隔をおき、シンメトリカルに二キロメートルにわたって並んでいるところがある。それは前章で述べたあのムギ束の山でおおわれた広大な田園、ジョザファの谷の墓石、うちすてられた陶器工場、ブルターニュ地方カルナックの奇怪なメンヒルの列を思いださせる。船の甲板からそれを見る旅行者は、ミツバチよりも小さい昆虫がそれをつくったのだということが信じられないで、ひじょうにおどろく。

実際、つくり手とつくられた物とが信じられないほど不釣り合いである。たとえば、平均的なシロアリの巣は四メートルであるが、人間の背丈にスライドしてみると、六〇〇メートルから七〇〇メートルの建物になる。かつて人間はこれほど高い建物を建てたことはない。

地球上の他の地域にもシロアリの巣の密集地帯があるが、シロアリの巣がすぐれたセメントとして役だつので、とりわけ道路や建物の建設のためにそれを原料として使用する文明の前で、それは次第に消滅しつつある。シロアリはすべての動物にたいする自己防衛法は学んだが、今日の人間までは予想しなかった。一八三五年、探険家オーランはパラグワイ北部で、巣と巣の間隔が五メートルか六メートルしかないほど密集した、周囲一六キロメートルのシロアリ連邦を発見した。遠くから見ると、それは無数の小さいヒュッテの立ち並ぶ大都市のように見え、この探険家の素朴なことばを用いれば、あたりの風景にきわめてロマンチックなおもむきをそえていた。

しかし、最大のシロアリの巣は中央アフリカ、とくにベルギー領コンゴに見られる。高さ六メートルの巣もまれではない。七、八メートルのもある。モンポノでは、丘に似た巣の上に墓が建てられており、そこから周囲の田園を見おろすことができる高地カタンガのエリザベートビルでは、ある並木道がシロアリの巣を分断して市中をつらぬいている。この巣の高さは巣のまむかいにある、バンガローの二倍である。サカニア鉄道建設の際には、機関車の煙突よりも高いシロアリの丘を、いくつかダイナマイトで爆破しなければならなかった。この国にはまた、切りひらいてみると人間が住めそうな、二、三階建ての本当の家のような饅頭形の巣も見られる。

これらのモニュメントはひじょうに堅固なので、この地方にしばしばおこる竜巻によってその上に大木がたおれても、また、その上に生えた草をたべるために大きな動物がそれによじのぼってもびくともしない。巣の成分である泥土は——というよりも一種のセメントであるが——ひじょうに肥沃である。それというのも泥土は建物の内部に丹念にたもたれている湿気のゆえに十分な水分をふくみ、その上、シロアリにかみくだかれて、その腸のなかを通過してできあがったものだからである。ときには木が生えることもある。奇妙なことに、出会うものすべてを破壊するシロアリが、木を立派にそだてているのである。

これらの巣の年齢はどのくらいであろうか。算定はひじょうにむずかしい。とにかく、その成長はきわめて緩慢で、一年ではまったく変化がない。最高に固い石でつくられているかのように、熱帯の豪雨にいつまでも耐える。絶えまない丹念な補修によって良好な状態にたもたれる。大災害や疫病のないかぎり、絶えず再生するコロニーには終末をむかえるいかなる理由もない。それゆえ、いくつかのシロアリ塚は多分ひじょうに遠い過去につくられたものであろう。昆虫学者W・W・フロガットはかなり多数の巣をしらべたが、死滅して放棄された巣はわずか一つしか見つけることができなかった。なるほど、もうひとりの科学者G・H・ヒルは、北部クイーンズランドのドレパノテルメス・シルウェストリ（*Drepanotermes silvestrii*）やハミテルメス・ペルプレクスス（*Hamitermes perplexus*）の巣の八〇パーセントは、アリの一種、イリドミルメクス・サングイネウス（*Iridomyrmex sanguineus*）によって徐々に侵略され、つづいて永久に占領されてしまうのだと考えている。しかし、アリとシロアリとの間の古くからの戦争についてはあとで述べることにしよう。

IV

これらの巣の一つをW・W・フロガットといっしょにあけてみよう。そのなかには何百万もの生命がうごめいているのであるが、外からは生命があるようにはみえない。花崗岩のピラミッドのように荒涼としていて、日夜そこで異常な活動がおこなわれている気配はまったくない。

すでに指摘したように、探索は容易ではない。W・W・フロガット以前に満足な結果をえた科学者はひじょうにすくない。著名な昆虫学者シドニーは方法を改善し、先駆者よりもよい道具をそろえ、まず中央を、つぎに上から下へとななめにノコで切断した。彼の観察とT・J・サビッジのそれとを総合すると、シロアリの巣のおよその間取りを明瞭に思いえがくことができる。

円屋根はかみくだいた細粒状の木でできている。そこから多数の通路が放射線状にのびている。円屋根の下にはまるい塊がある。それは巣の中央の、基礎から一五―三〇センチメートルのところにある。この塊の大きさは巣の重要性に応じて変わるが、人間にスライドしてみると、ローマのサン・ピエトロ寺院のドームよりも大きくて高いであろう。これは火であぶると紙のようにまるくなる、かなりやわらかい木質の薄い層でできている。イギリスの昆虫学者が〈育児室〉と呼び、われわれが「巣」と呼ぶもので、ミツバチの蜂部屋に相当する。そこには、ふつう針の頭くらいの小さい幼虫が数百万匹いる。おそらく換気のためであろう、壁には数千の小さい穴があいている。そこは巣の他の部分よりもいちぢるしく温度が高い。われわれよりもはやく、シロアリは一種のセントラル・ヒーティングの長所を知っていたようである。外気の温度が低いとき、巣の内部がいかに高温であるかがよくわかる。T・J・サビッジの語るところによると、ある日、中央の大きな通路をとつぜんひらき、近くから見ようとしたとき、熱気が顔にあたって、彼は息がつまりそうになってうしろにさがり、メガネのガラスは完全にくもったということである。

温度差が一六度をこえるとシロアリは死滅する。かれらにとっての死活問題であるこの一定の温度は、どのようにして確保されるのであろうか。T・J・サビッジはそれを熱サイホンによって説明する。すなわち、住居全体にひろがる数百の通路によって、温風と冷風の循環が確保されるのである。熱源は何よりも太陽であってはならないので、たぶん、草やしめった木くずの醗酵である。

ミツバチもまた、巣の全体的な温度やそのさまざまの部分の温度を、随意に調節するのだということを指摘しておこう。この温度は夏は華氏八五度をこえず、冬は八〇度以下にさがらない。このコンスタントな温度は食物の燃焼と集団的な羽ばたきとによって確保される。蜜蠟が精製される蜜房では、ハタラキバチの過剰な栄養摂取によって、温度は九五度まで上昇する。

〈育児室〉の両側には、砂のような、白い、細長いタマゴが小さな山の形につみあげられている。そこから廊下を通っていくと、さらに美しいいくつかの部屋にでる。さらにおりていくと、女王シロアリのいる部屋につく。この部屋とそれに隣接する部屋は丸天井でおおわれている。女王の居室の床にはまったく起伏がない。アーチ形の低い天井は時計のガラスのようなドームである。女王はこの部屋をはなれることができない。代わりに、彼女をまもり、世話をするハタラキ・シロアリと兵隊シロアリが自由に出入りする。スミースマンの計算によれば、女王はハタラキ・シロアリの二、三万倍の大きさである。進化のすすんだシロアリ、とくにテルメス・ベルリコススやナタレンシス(*Natalensis*)については、この計算は正しいようである。女王シロアリの大きさは一般的にいってコロニーの大きさと直接的に関連しているからである。普通のシロアリの場合、T・J・サビッジのしらべたところによると、ハタラキ・シロアリの体重が一〇ミリグラムの場合、女王のそれは一二〇〇〇ミリグラムである。逆に、進化のおくれたシロアリ、たとえばカロテルメスでは、女王はハネ・シロアリよりすこし大きい程度である。

女王の部屋は拡張可能であり、女王シロアリの腹部が大きくなるにつれて拡大される。王は彼女といっしょに住んでいるが、ほとんどいつもおびえて、妻の大きな腹の下にひかえめに隠れているので、ほとんど目につかない。王夫婦の運命と不幸と特権についてはあとでふたたびとりあげるであろう。

大きな道を通ってこれらの部屋から地下におりていくと、柱にささえられたいくつかの大きな広間にでる。その間取りはあまり知られていない。それをしらべるには、まず、オノかツルハシでそれをこわさなければならないからである。われわれが知りうるのは、女王部屋のまわりと同様、そこにも、それぞれの成長段階にある幼虫やサナギが占有する無数の小部屋が重なりあっているということのみである。下におりるほど、シロアリは大きくなり、また、その数も増加する。そこにもまた、かみくだいた木や小さく切った草をつみかさねた倉庫がある。それはコロニーの食糧である。その上、新鮮な木が不足して食糧が欠乏した場合、オトギバナシのように、建物の壁そのものが必要な食糧源となる。建物の壁が、シロアリ世界におけるすぐれた食品である排泄物でつくられているからである。

ある種のシロアリは、巣の上部を大部分、特殊なキノコの培養にあてている。このキノコは次章で述べる原生動物の代わりをつとめ、古い木や乾し草を変化させ、同化する役割りをはたす。

別のあるコロニーでは、本当の墓地が巣の上方部につくられている。これについてはつぎのような仮定が可能である。すなわち、事故や疫病の際、生きのこったシロアリが、有効期間内に消費できなかったひじょうに多数の死骸を巣の表面ちかくにつみかさね、太陽の熱で急速に乾燥させようとしているのである。かれらはこれを粉にして保存し、コロニーの若者の食糧とする。

ドレパノテルメス・シルウェストリは生きた保存食、生きた動く肉さえもっている。しかし、この肉はもはやいかなる移動手段ももっていないので、生きた動く肉というこの表現は不適切である。神秘なシロアリ政府は、われわれの見ぬきえない理由によって、サナギの数が必要数をこえたと判断すると、無益に動いて痩せることのないように、過剰なサナギの足を切りとり、特別の部屋にとじこめる。そして、共同体の必要に応じてそれを食糧とするのである。

このドレパノテルメスには衛生設備も見られる。かれらは排泄物を小部屋につみかさねて固くする。おそらく味もよくなるのであろう。

以上がシロアリの巣の間取りの概略である。しかし、それはかなり多様である。実際、この昆虫以上に革新的で、人間以上に巧妙かつ柔軟に状況に順応しうる動物はいない。そして、このことを、われわれは以下において何度も確認する機会をもつであろう。

V

一般的にいって、巣が上にのびるにしたがって、巨大な地下室は沈下する。この地下室から無数の長い坑道が放射状に遠くまでのび、セルロースを供給する木、イバラ、草、家にまで達する。それゆえ、セイロン島やオーストラリアのサーズデイ・アイランドやヨーク岬諸島には、数キロメートルにわたって掘られたシロアリの地下道のために、まったく居住不可能となった地域がある。

トランスバールやナタルでは、その地方一帯、シロアリの坑道が掘られている。U・フューラーは六三五平方メートルのせまい場所に、異った六種類のシロアリの巣を一四個ないし一六個見つけた。高地カタンガでは、しばしば、一ヘクタールについて、六メートルの高さの巣が一つある。

地面の上を自由に歩きまわるアリとは逆に、シロアリは――まもなく話題にするハネ・シロアリをのぞいて――温度と湿度の高い、墓のようなくらやみをはなれることがない。かれらは決してあかるいところを歩かず、生まれてから死ぬまで日の目を見ない。ひとことでいえば、シロアリ以上に人目につかない昆虫はない。かれらは永遠のくらやみに捧げられている。食糧補給のために、予測できない障害をこえなければならないときには、シロアリ都市国家のエンジニアと工兵が動員される。かれらは糞《フン》と巧妙に捏ねた木くずとで、堅固な地下道を建設する。これらの地下道は支柱がないときは管状である。しかし、技術者たちは労働と原料とを最大限に節約できるどんな小さな状況をも、おどろくべき巧みさで利用する。かれらは利用可能な亀裂を拡大し、修正し、つなぎあわせ、みがきあげる。地下道を外壁に沿ってのばす場合は、半分を管状にする。二壁面の角を利用してそこに地下道を通す場合は、そこを単純にセメントでおおう。それによって労働が三分の二も節約される。厳密にシロアリの背丈にあわせて掘られるこれらの坑道には、人間世界のせまい山道に見られるような車待避所がところどころにもうけられている。それゆえ、食糧を背負ったポーターは難なくすれちがうことができる。スミースマンが気づいたように、往来がはげしいときは、坑道が往路と帰路とにわけられている。

この地下室をはなれるまえに、私は、多くの不思議と神秘をつつみかくしているこの世界の、もっとも不思議な、もっとも神秘的な特長に読者の注意をうながしたい。それは私がすでにほのめかしたことのある巣のなかの湿度である。泉をからし、地上のあらゆる生物をやきつくし、大木の根までもひからびさせる果てしない熱帯の酷暑や、空気や大地の煆焼にもかかわらず、かれらはその住居に不変のおどろくべき湿度をたもつことに成功しているのである。偉大な探険家で細心な科学者であったデイビッド・リビングストーン博士は(スタンレーは一八七一年タンガニカ湖畔で彼と出会った)、この現象がひじょうに異常なので、とまどいながらつぎのように自問している――シロアリの巣の住人はわれわれの知らない方式によって、大気中の酸素と植物性食品の水素とを化合させることに成功し、水の蒸発に応じて、かれらの必要とする水を再構成しているのではないか、と。正解はまだ提出されていないが、もっともな仮説である。シロアリはわれわれを教えることのできる化学者であり、生物学者であるということを、われわれはたびたびみとめざるをえないだろう。

2 章

食物

かれらは木や根やイバラや草があるところに
無尽蔵の食糧を見出しているのだ。

I

かれらはあらゆる生命の根本問題である食物の問題を、おそらくある種のサカナをのぞけば、他のいかなる動物よりも完全に、かつ、科学的に解決した。かれらはセルロースのみを食糧とする。セルロースは鉱物についで地球上でもっとも豊富な物質である。あらゆる植物の固形の部分、すなわち、その骨組を形づくっているからである。かれらは木や根やイバラや草があるいたるところに、無尽蔵の食糧を見出しているのである。しかし、大部分の動物のように、かれらもセルロースを消化することはできない。かれらはどのようにしてそれを同化するのであろうか。かれらはその種類に応じて、それぞれ巧妙な二つの方法によって困難を切りぬけた。あとでとりあげるキノコ・シロアリについていえば、問題はかなり簡単である。しかし、ほかの種類については、ひじょうに漠然としたままであった。L・R・クリーブランドがハーバード大学の彼の研究所の豊富な資力のおかげで、この問題を完全に解決したのはさほど遠い過去のことではない。まず彼は、人が研究したすべての動物のなかで、木を食べるシロアリがもっとも多様な、もっとも多量な原生動物を腸内にもっていることを確認した。シロアリの原生動物はシロアリの体重のほぼ半分にあたる。四種類の鞭毛虫が文字通りかれらの内臓につまっている。大きさの順に、トリコニンファ・カンパヌーラ

(*Trichonympha campanula*)、何百万匹もいるレイジオプシス・スファエリカ(*Leidyopsis sphaerica*)、トリコモナス(*Trichomonas*)、ストレブロマスチックス・ストリクス(*Streblomastix strix*)である。これらはほかの動物にはまったく見られない。この原生動物を除去するには、シロアリを二四時間のあいだ、三六度の温度のもとにおけばよい。シロアリ自身はまったく平気のようであるが、腹部の寄生虫はすべて死滅する。原生動物のいなくなったシロアリ、専門用語を用いれば、〈原生動物不在化をおこなわれた〉シロアリは、セルロースをあたえると一〇日から二〇日は生きるが、その後、飢え死にする。死ぬ直前に原生動物を復元すると、シロアリは無限に生きつづけることができる。

L・R・クリーブランドの実験によれば、宿主はトリコニンファでもレイジオプシスでも無限に生きることができるが、トリコモナスだけでは六〇—七〇日以上生きつづけることはできない。ストレブロマスチックスは宿主の生命にいかなる影響もあたえない。その生命はシロアリの生命同様、他の原生動物の存在にかかっている。トリコニンファをとりのぞくと、レイジオプシスだけがより急速に増殖し、トリコニンファの代わりをはたす。トリコニンファとレイジオプシスの両方が消滅すると、トリコモナスが部分的に代役をつとめる。

これらの興味深い実験は太平洋の大シロアリ、テルモプシス・ネバデンシス・ハーゲンにたいしておこなわれた。食物を断つか酸化させることによって、四種類の原生動物のどれかを自由に除去できる。たとえば、トリコニンファ・カンパヌーラは六日間食物を断つと消滅するが、他の三種類は生きのびる。レイジオプシス・スファエリカは食物を一週間断つと消滅する。トリコモナスが大気中での二四時間の酸化によって死滅するのにたいし、他の三種類は耐えることができる。そのほか、さまざまである。

原生動物がその宿主の腸内で木の粒子を陥入によって吸収し、消化し、つづいてシロアリに消化されて死ぬのが顕微鏡で見える。

一方、原生動物はたとえセルロースの山の上におかれても、腸からでるとほとんどすぐに死ぬ。これは自然界に見られるあの理解しがたい共生の一例である。

L・P・クリーブランドの実験は一〇万匹以上のシロアリにたいしておこなわれたのだということを、ここでいいそえておくのはむだではないであろう。

かれらはたん白質を同化するのに必要な空中チッソをどのようにしてつくるのか、あるいは、どのようにして炭水化物をたん白質に変えるのか、このような問題は目下研究中である。

より進化した大形のシロアリは腸内原生動物をもっていない。かれらはセルロースの最初の消化を微細な隠花植物にゆだね、巧妙に準備した混合肥料の上にその胞子をまく。かれらは巣の中央にキノコの培養床をつくり、パリ近郊の昔の地下採石場における食用ハラタケのスペシャリストのように、キノコ類を方法的に育成する。そこはハラタケ(*Volvaria eurhiza*)やクシラリア(*Xylaria nigripes*)を栽培する堆肥の山が立ち並んだ本当の庭である。かれらの方法はまだ知られていない。

キノコの頭と呼ばれるこのハラタケの白い球を、実験室でつくりだそうとしたが失敗したからである。これはシロアリの巣でのみ繁殖する。

移民してあたらしいコロニーを建設するために、ふるさとの都市国家をはなれるとき、かれらはつねにこのキノコか、あるいは、すくなくともその種子である胞子をもっていくことをわすれない。

この二重消化の起源は何であろうか。多少とも受けいれられそうな推定をするのみである。シロアリの先祖は第二紀か第三紀に見出されるが、数百万年前、かれらは寄生生物の助けをかりないで消化できる食物を多量にもっていたであろう。飢饉がやってきて、かれらは木くずを食べなければならなくなったのであろうか。そして、数千種の滴虫類のうち、特殊な原生動物を住まわせていたもののみが生きのこったのであるうか。

周知のように、腐蝕土はバクテリアによって分解され、消化済みの植物性物質から構成されるが、今日でもなおかれらはこの腐蝕土を直接に消化できるのだということを指摘しておきたい。原生動物をとりのぞかれた、飢え死に寸前のシロアリでも、腐蝕土の食餌療法をおこなうと生きかえり、無限に繁殖する。この療法によって、まもなく原生動物がふたたび腸内に姿をあらわすのは事実である。

しかし、なぜかれらは腐蝕土をあきらめたのであろうか。暑い国では、腐蝕土がいわゆるセルロースのように豊富でなくて、手にいれるのがむずかしいからであろうか。アリの出現がその補給をより困難にし、より危険にしたのであろうか。L・R・クリーブランドの仮説によれば、かれらは腐蝕土を養分にしていたとき、同時に、原生動物をふくんだ木くずも摂取していたのであるが、原生動物が増殖したために、かれらは木を食べることに慣れたのである。

これらの仮説には多少異論の余地がある。ことさらに無視されている仮説が一つある。それはシロアリの知能と意志とである。かれらは自分のなかに消化を助ける原生動物を住まわせる方が——そのことがかれらをして腐蝕土を断念させ、何でも食べることを可能にしたのである——好都合であり、のぞましいと思ったのだということを、なぜみとめないのであろうか。かれらのおこなったことは、かれらと同じ状況におかれた場合、人間もかならずしたであろうことである。

キノコ・シロアリ、すなわちキノコを培養するシロアリについていえば、最後の仮説のみが妥当である。もともとは、穴倉につみかさねた草や木くずの上に、キノコが自然に発生したのだということはあきらかである。これらのキノコが腐蝕土や木くずよりもはるかに豊富で確実な、直接的に同化できる食物を供給し、その上、それが厄介な重荷である原生動物からシロアリを解放するという利点をもっていることを、かれらは確認することになったのである。すぐにかれらはこの隠花植物の方法的な栽培にとりかかった。かれらの栽培方法は徐々に完成の域に達し、ついに今日では、かれらの庭に発生する他のキノコ類はすべて入念な除草によってとりのぞかれ、最良とみなされるハラタケとクシラリアの二種類のキノコのみが繁殖するにいたった。その上、栽培中の庭のそばには補充用の臨時の庭が用意され、緊急に苗床をつくるための種子も保存されている。隠花植物の気まぐれな世界においてはしばしばおこることであるが、胞子が不意に力をうしない、繁殖不能になった場合、それととりかえるためである。

あきらかに、これらはすべて——すくなくとも十中八九、偶然に帰すべきである。パリ近郊のキノコ栽培地が証明するように、キノコの温床栽培というもっとも実用的な考えがうかんだのは偶然であった。シロアリの場合も同様である。

その上、われわれ人間の大部分の発明も、偶然に帰せられるものだということを指摘しておきたい。われわれに成功の手がかりをあたえるのは、ほとんどいつも自然の手引きと暗示である。この暗示を利用し、その結果を活用することが重要なのであるが、シロアリは人間と同じように器用に、かつ、体系的にそれをしたのである。人間の場合は知能の勝利であり、シロアリの場合は、事物の力、または、自然の霊魂である。

3 章

ハタラキ・シロアリ

自然が提案しているように思えるきたない理想が、
この共和国では経済的見地から実現されている。

I

シロアリの社会経済構造はミツバチのそれよりも奇異で、複雑で、異様である。ミツバチの巣には、メスのハタラキ・ミツバチ、タマゴ、オス・ミツバチ、および、生殖器官がやたらに発達したメス・ハタラキ・ミツバチにすぎない一匹の女王ミツバチとがいる。かれらはハタラキ・ミツバチ（メス）があつめたミツと花粉を食糧とする。シロアリの多形現象はミツバチのそれよりも驚異的である。フリッツ・ミューラー、グラシ、サンジアスなど、シロアリ学の古典的学者の説によれば、同じ外観のタマゴから、二種類から一五種類のちがったシロアリが生まれてくる。適当な呼びかたがないので、これらは形態一、二、三と名づけられたが、これらの形態について、複雑な、あまりに専門的なこまかい点をとりあげるのはひかえて、三つのカーストを検討するにとどめたい。三つのカーストは労働カースト、軍人カースト、繁殖カーストと呼ぶことができる。

周知のように、ミツバチの社会ではメスのみが支配する。それは絶対的な母権制である。先史時代のある時期に、革命ないし進化によってオスは背後においやられた。かれらのうちの数百匹だけが、ある期間だけ、厄介ではあるが、さけることのできない悪として黙認される。かれらはメス・ハタラキ・ミツバチが生まれるタマゴと似てはいるが、受精していないタマゴから生まれる。かれらはプリンスのカーストを構成しているが、怠惰で、食いしんぼうで、騒々しく、遊びずきで、快楽主義的で、厄介者で、おろかで、公然と軽蔑される。かれらはすぐれた目はもっているが、知能は低く、あらゆる武器をうばわれている。メス・ハタラキ・ミツバチの針というのは、ようするに、遠い昔の処女性が卵管を毒のついた短剣に変えたものにほかならないが、かれらはその針ももっていない。かれらは結婚飛行のあと、その使命をはたしおわると、称賛されることもなく殺戮される。慎重で、無慈悲な処女ミツバチたちは、かれらにむかって短剣をぬくことはない。大敵にむかって使うための、貴重な、もろい短刀だからである。彼女たちはかれらのハネをもぎとり、かれらを巣のそとに投げるにとどまる。かれらはそこで飢えと寒さのために死ぬ。

シロアリの社会では、自発的な性器除去が母権制の代わりをする。ハタラキ・シロアリにはメスもオスもいるが、かれらのセックスは完全に萎縮し、ほとんど差違がない。かれらは目がまったく見えず、武器もハネもない。かれらだけがセルロースの収穫と同化と消化の仕事を引きうけ、他のすべての住民をやしなう。かれら以外の住民は——後述する王も、女王も、兵隊あるいは、あの奇妙な代理人も、成虫のハネ・シロアリも——自分の手のとどくところにある食糧を利用することができない。兵隊シロアリのように、下アゴが大きすぎて、食べものに口を近づけることができないために、もっともすばらしいセルロースの山の上で餓死するものもある。また、王、女王、巣をはなれるハネ・シロアリの成虫、あるいは、君主の死亡や力不足の際に代わりをつとめるために保存され監視されているシロアリのように、腸のなかに原生動物をもっていないために餓死するものもある。ハタラキ・シロアリだけが、食べて消化する力をもっている。いわばかれらは住民の集団的胃腸である。どの階級に属しているにせよ、シロアリは空腹になると、通りがかりのハタラキ・シロアリに合い図する。すぐにハタラキ・シロアリは、王や女王やハネ・シロアリになりうるこの幼い食物懇願者に、自分の胃のなかにあるものをあたえる。嘆願者がおとなの場合、ハタラキ・シロアリはうしろむきになり、腸のなかにあるものを気前よく彼にゆずる。

あきらかにこれは完全なコミュニズムである。集団的糞食にまでおしすすめられた食道と腸のコミュニズムである。不吉ではあるが繁栄したこの共和国では、失われるものは何もない。自然がわれわれに提案しているように思われるきたない理想が、この共和国では経済的見地から実現されている。だれかが脱皮すれば、その皮はすぐに食べつくされる。労働者であれ、王であれ、女王であれ、兵隊であれ、だれかが死ぬと、死体はすぐに生き残ったものによって食べられる。残りくずはまったくない。清掃はオートマチックにおこなわれ、しかも、つねに利益をもたらす。すべてのものが有益であり、散らかっているものは何もない。あらゆるものが食用になり、あらゆるものがセルロースである。排泄物もほとんど無限に再利用される。その上、排泄物は、前章で述べた食品産業もふくめたかれらの全産業の、いわば原料である。たとえば、かれらは坑道の内壁に最大の配慮をはらってみがきをかけ、ニスをぬるが、使用されるニスはもっぱらかれらの糞《フン》である。管をつくり、支柱をたて、大小の部屋をつくり、王室をこしらえ、割れ目をふさぎ、亀裂を修理する場合も——新鮮な空気や光が入ってくるのがもっともおそろしいことである——かれらがたよるのはやはりかれらの消化の残滓である。まるでかれらは、科学によってあらゆる偏見と嫌悪をのりこえた、すぐれた化学者のようである。自然には嫌悪すべきものは何もなく、すべてのものが化学的に差別のない、単純で、独特で、純粋な何らかの物体に帰するという静かな確信に到達しているのである。

なすべき仕事や必要や情況に応じて物体を制御し、また変えるという、種がもっているおどろくべき能力によって、ハタラキ・シロアリは大シロアリと小シロアリの二つのカーストにわけられる。前者は強力な下アゴをもち、剣をハサミのように交差させ、食糧補給のために坑道を遠くまでいき、木や他のかたい物質をかみくだく。数の多い後者は家に残り、タマゴ、幼虫、サナギの世話をし、成虫、王、女王に食べものをあたえ、また、食糧の貯蔵など、家庭内のあらゆる仕事に専念するのである。

4 章

兵隊シロアリ

角製の楯と、力強い筋肉によって動く海ザリガニ、
まるで悪夢からとびだしてきたような怪物たち。

ハタラキ・シロアリのつぎは兵隊シロアリである。かれらもまた盲目で、ハネがなく、同じようにセックスを犠牲にしたオスまたはメスである。より正当で、好ましい他の呼びかたがないかぎり、それをわたしは種ないし自然の知能、本能、創造力、精髄と呼ぼうと思うのであるが、ここでその真相を本当につかむことができる。

すでに述べたように、普通、シロアリ以上に不具な生物はいない。かれらには攻撃用の武器も、防御用の武器もない。そのやわらかい腹は子供が指でおすと裂ける。絶えまのない、目立たない仕事のための道具を一つもっているにすぎない。もっともひよわなアリに攻撃されても、すぐに負かされる。その小さなアゴは木の粉砕にはすぐれているが、敵をつかまえるには適しない。目はなく、ほとんど這いずりまわっている。戸口をこえて一歩巣のそとにでると、万事休すである。シロアリの祖国、都市国家、唯一の財産、シロアリのすべて、シロアリ集団の真の魂であるこの巣――土のツボや花崗岩のオベリスクよりも固く密閉された、シロアリの全存在のこの至聖所は、抗しがたい父祖伝来の掟によって、一年のある時期、四方八方からひらかれるさだめになっている。所有しているものすべて――その現在と未来――が殺戮のいけにえとして捧げられる、悲劇的にも周期的にやってくるこの瞬間をねらって数千の敵がとりかこむが、シロアリはいつのころからか、自分と同程度のふつうの敵にまけない完全な武器をつくりあげ、不具においてシロアリと同類である人間も、数千年の苦悩と悲惨の後にそれをなした。実際、シロアリの巣を傷つけ、意のままにしうる動物はまったくない。アリも不意打ちによってしかそこに入りえない。

地球上に最後にあらわれた青二歳の人間のみが——シロアリは人間を知らなかったので、人間にたいしてはまだ防御をととのえていない——火薬やツルハシやノコをつかってシロアリに打ちかつことができる。

われわれ人間とちがって、かれらはこれらの武器を外界から借用しなかった。かれらはそれ以上のことをしたが、これはかれらがわれわれ以上に生命の源に近いことを証明するものである。かれらは自分の体のなかで武器を鍛造し、自分のなかからそれを引きだした。想像力と意志との奇跡により、あるいは、この世界の霊魂とのある種の黙契により、あるいはまた、われわれがまだきわめて漠然としか理解しえない不可思議な生物学的法則の認識により、かれらはある意味でかれらのヒロイズムを有形化した。たしかに、シロアリは生物学的法則などについてわれわれよりもよく知っており、われわれ人間にあっては意識をこえず、思考のみを支配する意志を、生命器官がはたらき、つくりだされる暗い領域にまでひろげたのである。

顕微鏡ではいかなる差違も見出せないほど、ハタラキ・シロアリのタマゴによく似たタマゴから、かれらは怪物階級のシロアリを生みだす。シロアリ砦の防御を強固にするためである。それらはヒエロニムス・ボッシュや老ブリューゲルやカロのもっともファンタスチックな悪魔の絵を思いださせ、悪夢からとびだしてきたような怪物である。キチンにおおわれた頭部はおどろくほど奇妙な発達をとげ、その下アゴは体の他の部分よりも大きい。体全体が角製の楯と、力強い筋肉によって動く海ザリガニのハサミに似た一対のハサミでしかない。ハガネのように固いこのハサミは、ひじょうに重く、じゃまになり、体に不釣り合いである。それゆえ、兵隊シロアリはそれにおしつぶされて自分では食べることができず、ハタラキ・シロアリから口うつしに食べものをもらわなければならない。

同じ巣のなかに二種類の兵隊シロアリがいることがある。二種類とも成虫であるが、一方は大きく、もう一方は小さい。ハタラキ・シロアリと同じように、小さい方は警報をうけるとすぐに逃げてしまうので、それがはたす役割りはまだ十分に説明されていない。かれらは内部の治安をうけもっているようにみえる。ある種のシロアリでは兵士のタイプが三通りのことさえある。

ある種のシロアリ、たとえばエウテルメスなどには、なおいっそうファンタスチックな兵隊がいる。それらは長鼻、ツノ鼻、鼻シロアリ、あるいは、噴射機シロアリと呼ばれる。かれらには下アゴがない。薬剤師やゴム製品屋が売る注射液のアンプルにそっくりの、巨大で奇妙な器官がかれらの頭の代わりをしている。それは体の残りの部分と同じ大きさである。かれらは目がないので、この梨形の頸部アンプルをつかい、当て推量で二センチメートル先の敵にむかってねばねばした液体を噴射する。千年以来の敵であるアリも、敵をマヒさせるこの液体を、他の兵隊の下アゴよりもはるかにおそれている。[★1] 一種の携帯用火砲であるこの完成した武器は、ほかの武器よりもいちじるしくすぐれているので、この種類のシロアリの一つであるエウテルメス・モノケロスは、盲目にもかかわらず外征隊を組織し、大挙して夜間外出をおこない、ヤシの木の幹にそって大好物の地衣類をあつめることができる。E・ビュニオンはセイロン島でシロアリの行軍を興味深いフラッシュ写真におさめている。シロアリ軍は針を外側にむけて整然と並んだ二列の兵隊シロアリのあいだを、数時間のあいだ、小川のようによどみなくすすんでいく。[★2]

日の光りに挑戦するシロアリはきわめてまれである。ホドテルメス・ハビランジ（*Hodotermes havilandi*）とテルメス・ウィアトル（またはウィアルム *Viarum*）以外ほとんど知られていない。かれらはシロアリのなかの例外である。ほかのシロアリのように盲目の誓いをたてなかったのである。かれらには複眼がある。かれらはかれらをまもり、監督し、みちびく兵隊シロアリにかこまれて、ジャングルの食糧のところにいき、一二匹か一五匹の隊列をくんですすむ。かれらにつきそっている兵隊シロアリの一匹が、小高いところにのぼって周囲を偵察し、口笛をふくことがある。部隊はそれに答えて歩みをはやめる。スミースマンはこのシロアリを最初に発見した人であるが、彼がかれらの居場所を発見できたのはこの口笛によってである。先の例と同じように、この無数のシロアリ部隊の行進も、五、六時間を要した。

別の種類のシロアリの場合、兵隊シロアリは防御を引きうけた城砦を決してはなれない。かれらは完全な盲目によってそこに釘づけにされている。かれらの神はかれらをそのポストに固定しておくという、実際的かつラジカルな方法を発見した。しかも、かれらは正面をむき、銃眼に陣取っているときしか力を発揮しない。うしろむきになると役にたたない。上半身だけ武装し、下半身は幼虫のようにやわらかくて、すぐに傷つくからである。

II

生まれながらの敵はアリである。アリは地質学的にシロアリよりもおくれるが、二、三百万年前からの古い敵である。[★3] アリがいなかったら、おそらく、破壊的昆虫であるシロアリがこの地球の南半分を目下支配しているだろうということができる。しかし、ひるがえって考えるならば、シロアリはアリから身をまもらざるをえないという必要にせまられて、かれらの最良の部分である知能の発達、おどろくべき進歩、傑出した共和国組織を実現したのである。

さらに年代をさかのぼると、劣った種類のシロアリ、とりわけ、アルコテルモプシス（*Archotermopsis*）とカロテルメスがいる。かれらはまだ建築家ではなく、木の幹に坑道を掘る。全員がほぼ同じ仕事にたずさわり、ほとんどまだカーストにわかれていない。アリの侵入をふせぐのに、かれらは木くずをまぜた糞《フン》で穴をふさぐだけである。しかし、カロテルメスの一つであるジラトス(*Dilatus*)は、すでに、ひじょうに特殊な兵隊シロアリをつくりあげている。この兵隊シロアリの頭は先のとがった大きなタンポンであり、これが木くずの代わりとなって穴をふさぐ。

こうしてわれわれは、キノコをもつ大シロアリと噴射機をもつエウテルメスなど、もっとも文明化した種類に到達する。その中間に、進化のあらゆる段階にある数百種がある。そこには、その頂点にまだ達していない一文明の全過程が見出される。いまのところ分類は不可能である。分類の下準備がE・ビュニオンによってはじめられたばかりだからである。★4 一二〇〇種から一五〇〇種のシロアリがいると推定されているが、一九一二年にニルス・ホルムグレンが分類したのは五七五種にすぎなかった。そのうち二〇六種がアフリカにいる。そして、約一〇〇種のシロアリの習性が大ざっぱに知られているにすぎない。しかし、この知識にもとづいて、われわれはつぎのように断言することができる――これらのさまざまな種のあいだには、ポリネシアの食人種と文明の頂点にいるヨーロッパ人のあいだにあるのと同じくらいの差違があるのだ、と。

アリが入口をもとめて夜も昼も塚の上を徘徊している。それゆえ、防衛措置のすべてが、とりわけアリにたいしてとられている。どんなに小さな割れ目も――とくに換気口が――厳重に警戒されている。シロアリの巣の換気は、最高の保健衛生学者さえも何一つ非難しえないような風通しによって確保されている。

しかし、侵略者がだれであれ、巣が攻撃され、穴があくとすぐに、防衛者の大きな頭があらわれ、大アゴで地面をたたきながら警報をだす。すぐに警備隊がかけつける。つづいて駐屯部隊がやってきて頭で入口をふさぐ。かれらはぞっとするような、おそろしい無数のアゴを騒々しくうごかす。そして、手さぐりではあるが、猟犬の群のように敵におそいかかり、怒り狂ったようにかみつき、かみちぎり、絶対に攻撃をゆるめない。

ビュニオンは、実際に見たこの知的で勇敢な防衛に関するひじょうに興味深い例を、その小論文のなかで紹介している。彼は小さい箱のなかにエウテルメス・ラクストリスの一つのコロニーをいれ、その上にガラスのフタをした。翌日になると、小箱をおいたテーブルには、おそろしいアリ、ファイドロゲトン・ジウェルスス(*Pheidologeton diversus*)がむらがっていた。フタがきちんとしまっていなかったので、コロニーは破壊されていると思ったが、まったく異常がなかった。危険を知った兵隊シロアリが、テーブルの上の小箱のまわりに並んでいた。しかも、ある守備隊はガラスがはまる溝にそって整列していた。勇敢な小さな兵隊たちは噴射機をもって敵に対決し、一晩中見張りをし、一匹のアリも通さなかった。

攻撃がながびくと、兵隊シロアリが激怒し、あかるい、ふるえる音をだす。この音はトケイのカチカチという音よりもはやく、数メートルはなれたところからでもきこえる。巣のなかから口笛がこの音にこたえる。かれらはセメントに頭をぶっつけたり、後頭下部をよろいにこすりつけながら、この種の軍歌や怒りの歌を生みだす。それはひじょうにあざやかなリズムをもち、一分ごとにはじまる。

ヒロイックな防衛にもかかわらず、アリが城砦に入りこむ場合がある。そのときは重要なものを救うために他を犠牲にする。兵隊シロアリが最善をつくして侵略者をくいとめているあいだ、後方ではハタラキ・シロアリがすべての坑道の入口を急いでふさぐ。戦士たちは犠牲になるが、敵は排除される。このような場合、シロアリとアリとが同じ塚に住み、仲よく生活しているように見えることがある。実際には、アリはシロアリが決定的に放棄した塚の一部を占領しているだけで、要塞の中心に入りこんではいないのである。

III

攻撃をしかけたとしても城砦を完全に占領することはほとんどない。一般的にいって、攻撃後は、征服地域における強奪である。ウザンバラでこのような戦闘を観察したH・プレルによれば、一匹のアリがほぼ六匹のシロアリをとりこにする。捕虜は手足をもぎとられ、地面の上で弱々しくもがく。その後、各掠奪者は三、四匹のシロアリをあつめて運ぶ。かれらは縦隊で巣にかえっていく。観察されたアリの軍団は、ヨコ、一〇センチメートル、タテ、一五〇センチメートルであった。軍団は行軍中絶えず高いなき声を発していた。

侵略者が撃退されると、兵隊シロアリはしばらく割れ目のところにとどまり、やがて、自分の持場か兵舎にかえる。その後、最初の危険信号で逃げたハタラキ・シロアリが姿を見せる。かれらは、一方にヒロイズムを、他方に労働を置く、厳格かつ適切な労働の配分ないし分担にしたがって退却したのである。すぐにハタラキ・シロアリは糞《フン》の球をもってきて、おどろくべき速さで、破損箇所の修理をはじめる。トラガルド博士の確認するところによれば、手のひらほどの大きさの穴が一時間で修理される。T・J・ザビッジによると、ある晩、巣の一部をこわしておいたところ、翌朝には完全に修理がおわり、あたらしいセメントがぬられていたということである。修理のスピードはかれらにとって死活問題である。ひじょうに小さい割れ目でも無数の敵を呼びよせることになり、宿命的にコロニーの終りをもたらすからである。

IV

一見これらの兵士は、冷酷なカルタゴに忠実に、つねにヒロイックにつかえる傭兵にすぎないようにみえるが、ほかにもいろいろな役割りをはたす。エウテルメス・モノケロスの社会では、軍団がヤシの木に近づくまえに、盲目の兵士が——とはいってもコロニーには目の見えるものはいないが、斥候として先に派遣される。先ほど述べたように、テルメス・ウィアトルの場合、遠征時、かれらは本当の将校のようにふるまう。密閉した巣のなかでも、たぶん同様であろう。しかし、観察はほとんど不可能である。かれらはわずかの警報で割れ目のところに参集し、もはや兵卒にすぎないからである。W・サビル・ケントのうつしたフラッシュ写真には、板をかじっている一分隊のハタラキ・シロアリを、二匹の兵隊シロアリが監督しているのが見られる。かれらは役にたとうとつとめ、アゴの上にタマゴをのせて運び、交通整理係のように四つ辻にじっとしている。スミースマンは、タマゴを排除しようとして苦労している女王を、兵隊シロアリがやさしく軽くたたきながら助けているのを見たとさえいっている。

かれらはハタラキ・シロアリよりも多くの自発性をもち、ようするに、ソビエト共和国における一種の貴族階級である。しかし、それは人間の貴族と同じように——そして、それがまた人類の特色なのであるが——ひじょうに哀れな貴族である。自分で自分の欲求をみたすことができず、食料を完全に民衆に依存している。さいわいなことに、われわれ人間の場合とは逆に、逆にみえるだけかもしれないが、かれらの運命は群集の盲目な気まぐれと完全に結びついているのではなくて、もう一つ別の権力者の手中に握られている。わたしはまだこの権力者に出会ったことはないが、あとの方で、その秘密を見破るべくつとめようと思う。

巣分かれのところで述べようと思っているのであるが、都市国家が死の危機にひんする悲劇的な事態が生じたとき、かれらは自分たちだけで出撃体勢をととのえ、かれらをとりまく狂気のなかで冷静さをたもつ。しかも、かれらは絶対的権力を委嘱された一種の公安委員として行動しているようにみえる。しかし、かれらはさまざまな状況下で自由に行使できる権力をあたえられながらも、そしてまた、そのおそるべき武器のゆえにその権力を容易に乱用しうるにもかかわらず、やはり共和国を統治する最高の隠れた権力者の意志の支配下にある。一般にかれらは全体の五分の一である。この比率をこえるならば——たとえば定員以上の兵隊シロアリを巣のなかにいれるならば（この種の観察をおこないうる唯一の巣である小さい巣でこの実験をおこなったことがある）、かなり正確な計算をすることができる未知の権力者が、ふえた兵隊シロアリとほぼ同数の兵隊シロアリを殺してしまう。かれらがよそものであるからではなく、定員をこえるからである。しるしをつけて、それをたしかめることができた。

かれらはミツバチのオスのように虐殺されるのではない。体のうしろ半分にしか弱点をもたないこの怪物は、ただ一匹で、一〇〇匹のハタラキ・シロアリを打ちまかすであろう。しかし、かれらは自分では食べることができないので、かれらの口に食べものをもっていきさえしなければ飢え死にするのである。

ところで、隠れた支配者はどのようにして不必要な兵隊シロアリの数を算出し、それを指名して閉じこめることができるのであろうか。これはまだ正解のでないシロアリの巣に関する無数の疑問の一つである。

光のない町の民兵に関するこの章を閉じるまえに、かれらが示す多少音楽的な、かなり奇妙な素質にふれておきたい。なるほど、かれらは音楽狂ではないが、〈フュチュリスト(未来派)〉はかれらをコロニーの〈擬音係〉と名づけるかもしれない。これらの音は警報であり、救助をもとめるさけびであり、一種の悲嘆の声である。それはほとんどつねにリズムをもった、パチパチ、カチカチ、キシキシという音である。シロアリの大衆はこの音にささやきの声で答えるのであるが、幾人かの昆虫学者はこの音をきいて、シロアリはアリのように単に触角ばかりでなく、多少分節的な言語を用いて意志を伝えあっているのだと信じた。とにかく、完全に耳がきこえないようにみえるミツバチやアリとちがって、鋭敏な聴覚をもつこれら盲目シロアリの共和国では、聴覚がかなり重要な役割りをはたしている。地下の巣や、あるいは、二メートル以上の厚みがあり、あらゆる音をのみこむ粘土やセメントやかみくだいた木に包まれた巣の場合、かれらの声はききとりがたい。しかし、木の幹につくられた巣の場合、耳を近づけると、単なる偶然には帰しがたい一連の音がすべてきこえるのである。

その上、すべてが連帯のきずなでむすばれ、すべてが厳密な均衡をたもったこのようにデリケートで複雑な組織は、相互理解というよりも和合の関係を前もって打ちたてておかないかぎり、一つにまとまって生きつづけることはできない。わたしが順次列挙しているこの相互理解の数々の証拠のなかで、かなり適切なつぎの例に読者の注意を喚起したいと思う。それは一組の王夫婦しかいないにもかかわらず、たがいにかなりへだたった数本の木の幹にそれぞれ巣をつくる一つのコロニーの例である。これらの巣は分散してはいるが、同じ中央政府に属し、ひじょうにうまく連絡をとる。かれらは死亡した女王やあまり多産でない女王の代わりをさせるために、一団の女王候補者を保留しているが、われわれがそれをある幹からとりのぞくと、となりの木の住民がすぐにあたらしい一群の女王候補者の育成にとりかかる。シロアリ政治のもっとも興味深い、もっとも気のきいた特色の一つであるこの代用方式ないし補充方式については、またあとでふれる予定である。

V

パチパチ、カチカチという音、口笛のような音、警報のさけびなど、シロアリが発するさまざまの音はほとんどいつもリズムをもっている。これはかれらがある種の音楽的感受性をそなえていることを示すものであるが、かれらの動作もまた多くの場合リズミカルである。かれらの動きはまるで風変りなダンスのようであり、それを観察した昆虫学者は異常に興味をかきたてられた。生まれたばかりのシロアリをのぞいて、コロニーのすべての成員がこのような動作をする。これは痙れんをともなった一種の熱狂的ダンスであり、体をぶるぶるふるわせ、蹠節を動かさないで左右に軽くゆれながら前後に体をゆするのである。ダンスはみじかい休憩をはさんで何時間もつづく。それはとりわけ結婚飛行の前におこなわれ、シロアリ国の最高の犠牲者にたいする祈り、またはセレモニーの前ぶれである。フリッツ・ミューラーはそこに彼が〈愛の語らい〉と呼ぶものを見る。観察中のシロアリをいれた筒形容器をふったり、急にあかるくするときにも、同じ動きがみとめられる。しかし、かれらをそこに長いあいだ閉じこめておくことは実際には容易でない。というのは、かれらは木の栓はいうまでもなく、金属の栓にも穴をあけ、そして、比類なき化学者としてガラスの腐蝕にも成功するからである。

★1――サイゴン病理学研究所長M・パトリエが、六匹の大きなアカアリといっしょに、五〇匹のエウテルメス・兵隊シロアリをペトリ皿に閉じこめたところ、六匹のアリは数分後に粘液に邪魔されて身うごきできなくなった。一匹のアリがうごこうとすると、すぐに兵隊シロアリがツノをアリにむけてそれを阻止し、液を噴射した。接触はなかった。また、エウテルメスの噴射機はひじょうにみじかいあいだしか前方をむいていなかった。アリがもがけばもがくほど手足がくっつき、体にはりつく。かれらはまもなく完全に行動の自由をうばわれ、最後には死ぬ。

★2――引きのばした写真(フラッシュによる瞬間撮影)をもとにして、出撃軍の数をしらべてみると、長さ三二センチメートルについて二三二匹から六二三匹であった。それゆえ、一メートルに換算すると、八〇六匹から一九一七匹のシロアリがいることになる。一メートルに平均一〇〇〇匹いるとすれば、一分間に一メートルの割合で五時間行進する軍団には、総計三〇万匹のシロアリがいることになる。ある写真の護衛シロアリの数は、五五センチメートルで左側が八〇匹、右側が五一匹であった。一メートルあたり、一四六匹と九六匹、総計二三八匹である。

「ある日わたしは、かえる途中のシロアリ軍団がアリ(ファイドロゲトン)に邪魔されているのを見たが、二八一匹の兵隊シロアリが、巣の基礎にそい、三メートル半にわたって一列に並んでいた。地衣類を背負って巣にかえるハタラキ・シロアリを防衛するため、かれらは敵と対峙していたのである。ハタラキ・シロアリは攻撃軍からまもられ、壁の方にすすんでいた。」(E・ビュニオン博士)

これらのハタラキ・シロアリや兵隊シロアリは、目が見えないのだということをわすれないでいただきたい。そのような場合、人間だったらどうするであろうか。

★3――人間は両者の激烈な敵対関係を利用した。たとえば、マドラスの原住民はある種のアリ、とくにファイドロゲトンをつかって倉庫のシロアリを死滅させた。

★4――E・ビュニオンによれば、この進化には、つぎのようないくつかの段階がある。

第一段階――坑道の外側に木くずをつむ。木くずと糞とでつくった多少コンパクトな腸詰状のものが、入口をふさぐために用いられる(カロテルメス、テルモプシス)。

第二段階――唾液ないし直腸内の液体をつかって木くずを固め、トンネルや防壁や密閉した巣などをつくる。一般的にいって、ボール紙産業の段階（コプトテルメス、アルリノテルメス、エウテルメス）。

第三段階――土と唾液を原料とするモルタルによる建築法。単純な土の外壁から出発して、漸次、もっとも完璧な巣へと完成にむかう。

第四段階――キノコの培養。キノコ・シロアリの次第に完成する技術（テルメス）。

5 章

国王夫婦

王と女王の結婚がどのように成就するのか、
シロアリ学者も意見の一致をみない。

I

ハタラキ・シロアリと兵隊シロアリ（ないしアマゾン）のつぎに、私は王シロアリと女王シロアリをとりあげる。細長い部屋に永遠に閉じこめられているこの陰うつな夫婦は、もっぱら生殖の仕事にたずさわっている。王はいわばムコイリをしたのであり、みすぼらしく、小柄で、虚弱で、臆病で、おもてにたたず、いつも女王のうしろに隠れている。自然は昆虫界において奇怪なものを数多く生みだしているが、女王シロアリは昆虫界に見出されるもっとも奇怪なタイコ腹をしている。彼女ははりさけそうなほどタマゴでふくれた巨大な腹そのものである。まるで白い腸詰である。ぐにゃぐにゃのソーセージにつきさした黒い針の先のような、小さい頭部と前胸部がわずかにみえる。Y・ショーステッドの科学報告書のさし絵によれば、テルメス・ナタレンシスの女王は体長が一〇〇ミリメートル、胴まわりはどこも一様に七七ミリメートルである。同じ種類のハタラキ・シロアリは体長が七、八ミリ、胴まわりが四、五ミリである。

女王は、脂肪のなかにうずまっている前胸部に、とるにたりない小さな足がついているにすぎないので、まったくうごくことができない。彼女はタマゴを一秒間に平均一個、いいかえれば、二四時間に八六〇〇〇個、一年間に三千万個以上生む。

エッシュリッヒはこれよりひかえめにみつもっているが、テルメス・ベルリコススの場合、成虫の女王シロアリの排卵数は一日三万個、一年で一千九五万個である。

観察しえたかぎりでは、女王シロアリは四、五年のあいだ昼夜をわかたず生むようである。

高名な昆虫学者K・エッシュリッヒは、例外的な状況のおかげで、ある日かれらの邪魔をしないで王室の秘密をぬすみ見ることができた。そして、オディロン・ルドンの悪夢、ないし、ウィリアム・ブレイクの宇宙的ビジョンを思わせる異様な略図をかいた。それは、普通のシロアリの体にくらべて異常に大きい、暗い低い丸天井の下に――その丸天井の下をほとんど全部ひとり占めにして、おそるべきアイドルである女王の、やわらかい、ぐにゃぐにゃの、白っぽい脂肪質のかたまりが、小エビにとりかこまれたクジラのようにねそべっている図である。無数の崇拝者が彼女を絶えまなく愛撫し、なめる。それには利益がないわけではない。女王の分泌物はかれらを引きつけるものをふくんでいるようである。もっとも熱心な崇拝者たちはその愛情や欲望をみたすために、彼女の神聖なヒフをもちさる。小さな護衛兵士がそれを阻止するのに苦労する。年老いた女王たちは栄光の切り傷におおわれている。

数百の小さなハタラキ・シロアリが女王シロアリの貪欲な口のまわりにおしよせ、口のなかに特別料理をながしこむ。むこうの端では、別の一群が輸卵管の口をとりまき、つぎつぎにながれでてくるタマゴをあつめ、洗い、運ぶ。いそがしそうにはたらくこの群集のあいだを小さな兵士が往来し、秩序を維持する。大きな体をした戦士たちは、聖域をとりかこみ、女王に背をむけ、敵にそなえて整列し、アゴをあけ、不動の姿勢をとり、威嚇するようにかまえている。

繁殖力が減退するとすぐに、女王シロアリは食物を断たれる。おそらくそれは、未知の監査官か顧問官の命令によるものであろうが、われわれはいたるところでかれらの容赦のない干渉にであう。女王は餓死する。それは消極的で、きわめて実用的な一種の弑逆《シイギャク》である。しかし、だれも個人的に責任はない。みんながひじょうに脂肪の多いその死骸をよろこんでむさぼり食う。補欠の産卵シロアリのなかの一匹が彼女に代わる。これについてはまもなく語る予定である。

いままで信じられていたのとは逆に、かれらは結婚飛行のとき、ミツバチのように交接しない。結婚飛行のときにはまだ生殖能力がないからである。結婚がおこなわれるのは、カップルがおたがいに相手のハネをむしりとり――この奇妙な象徴的行為については後に詳述できるであろうが、死ぬときにしかでることのない巣のくらやみのなかで夫婦生活に入ったあとである。

この結婚がどのような形で成就するのか、それについてはシロアリ学者も意見の一致をみない。この問題の権威であるフィリッポ・シルベストリは、王と女王の生殖器官から見て、交尾は肉体的に不可能であり、王は輸卵管の入口のタマゴの上に精液をかけるだけであると主張している。同じようにこの問題にくわしいグラシは、交接は巣のなかでおこなわれ、周期的にくりかえされるのだといっている。

6 章

分巣

満たされることなき愛をもとめて、
婚約者たちは大空にむかって上昇する。

労働者、兵士、王、女王がシロアリ都市国家の永遠の本質的基礎をなしている。シロアリたちはスパルタの法よりもきびしい鉄の法のもとに、貪欲な、きたない、単調な生活をくらやみのなかでつづけていく。しかし、かつて日の光を見たことがなく、また決して見ることがないであろうこれらの陰うつな囚人のそばで、貪欲なファランステール（共同生活団体）は多大の犠牲を払って無数の青年男女を育てあげる。この若者シロアリたちは透明な長いハネと複眼をもっている。かれらは生まれつき盲目の他のシロアリがうごめくくらやみのなかで、熱帯の太陽の強烈なかがやきと対決するための準備をしている。かれらだけが性器をもった完全なオスとメスである。つねに無情である偶然が許すならば、そこから、もう一つ別のコロニーの未来を保証する王夫婦が生まれる。かれらは愛や大空へ通ずる出口のない地下墓地のような都市国家において、希望と気ちがいじみた豪奢と官能的な歓喜とをあらわしている。原生動物をもたないかれらは、セルロースを消化することができないので、口うつしに食べものをうけとる。そして、解放と幸福の瞬間をまちながら、坑道や部屋を無為にさまよいあるいている。赤道直下の夏がおわり、雨季が近づくころ、ついにこの瞬間がやってくる。そのとき、難攻不落の城砦は一種の錯乱状態におちいり、突然、小さな穴がいたるところにあく――不必要な穴はコロニー全体の死をもたらすので、城砦の壁には換気に不可欠な穴しかなく、外界とのコミュニケーションはすべて厳密に地下でおこなわれる。穴のうしろには通行を阻止するために見張りをしている兵隊シロアリの奇怪な頭が見える。これらの穴は結婚飛行へのいらだたしさが渦まく坑道や廊下へと通じている。ほかのすべての合図と同じように、目に見えない権力者がだす合図で、兵隊シロアリはうしろにさがり、出口をあけ、身をふるわせる婚約者たちを通過させる。すぐに一つの異常な光景が展開する。それを見まもったことのあるすべての探険家が、このシロアリの分巣にくらべればミツバチの分巣は平凡にみえると一様に語っている。数百万のハネから成るもうもうたる蒸気が、過熱した爆発寸前のボイラーからふきでる蒸気のようにあらゆる割れ目から噴出し、ほとんどいつも満たされることのない不確実な愛をもとめて、塚やピラミッドや城砦などの形をした巨大な建物から大空にむかって上昇する。多くの場合そうであるが、巣の集落があるところでは、数百ヘクタールの広い範囲にわたって蒸気がたちこめる。このすばらしい現象は、夢や煙と同じようにわずかな時間しかつづかない。蒸気はおもおもしく地面に舞いおち、地面は残骸でおおわれる。祝典はおわり、愛はその約束をたがえ、死がそれに代わる。

鳥、爬虫類、ネコ、イヌ、齧歯《ゲッシ》目の動物、ほとんどすべての昆虫、とりわけ、アリ、トンボなどが、毎年提供されるシロアリのフィアンセの大量の肉から成るこの饗宴を貪欲に待ちうける。かれらはあざむくことのない本能の通告をうけてシロアリの飛行準備を知るのであるが、ときに数千平方メートルの広範囲に散らばっている無防備の莫大な獲物にとびかかり、おそるべき大殺戮を開始する。とくに鳥は、ノドからあふれ、クチバシを閉じることができないほど多量に食べる。人間さえも思わぬ幸《サチ》をさずかる。いけにえをシャベルであつめ、油であげたり、あぶったりして食べる。あるいはそれでケーキをつくる。その味はアーモンド菓子を思いださせるようである。ジャワ島などでは市場で売られている。

最後のハネ・シロアリが飛びたつとすぐに、目に見えない支配者の神秘的な命令にもとづいて、巣は閉じられ、入口は壁でふさがれる。でていったシロアリは生まれ育った町から無情に締めだされたようにみえる。

かれらはどうなるのであろうか。ある昆虫学者の言によれば、かれらは自分ひとりで食べることができず、つぎつぎにおそってくる数千の敵に追いつめられ、すべて例外なく死滅する。別の昆虫学者の主張するところによれば、災厄から逃れることに成功したカップルは、近くのコロニーのハタラキ・シロアリや兵隊シロアリに拾われて、死んだ女王や疲労した女王の代わりをつとめる。しかし、どのようにして、そしてまた、だれによって拾われるのであろうか。ハタラキ・シロアリや兵隊シロアリは道をうろつくことはなく、また、決して戸外にもでない。そして、近くのコロニーもかれらが去ったコロニーと同じように壁でふさがれるのである。さらに別の昆虫学者の断言によれば、カップルは一年間生きのびて、かれらをまもる兵隊シロアリと、かれらに食べものをあたえるハタラキ・シロアリとを育てることができる。しかし、それまではどのようにして生きるのだろうか。すでに証明されているように、かれらはひじょうにまれにしか原生動物をもっていない。したがってセルロースを消化できない。それゆえ、この主張もまた矛盾しており、理解しがたいことがわかる。

たとえばボルドーの昆虫研究所長ジャンフェトー博士は、とくにランド地方のルキフグス・シロアリを研究したが、彼はガラスビンのなかで飼育実験をかさね、そしてまた、以前にいかなる古い巣もなかった森のいたるところに、分巣後、多数のコロニーがつくられたのを自然のなかで観察した結果、かれらは巣わかれ後はハタラキ・シロアリの助けをかりないで、小家族を形づくりうることをはっきりと確認した。熱帯地方の大きな巣についても同じことがいえるかどうかは疑問である。ビュニオン博士はセイロンでカップルがあたらしいコロニーをつくるのを見たことがあるとわたしに断言した。キノコ・シロアリが原生動物を必要としなかったことは事実である。メスはオスの助けをかりてキノコの培養地をつくるのに専念しはじめ、そのあとで産卵にとりかかった。最初のハタラキ・シロアリは生まれるとすぐに、いそいで自分の両親を閉じこめた。

これほど吝嗇で、明敏で、計算高い共和国にも、たしかに、生命と力と富の理解しがたい浪費がある。毎年おこなわれるあの大々的な燔祭《ハン》が、あきらかに雑交のみをもくろみながら、まったくその目的を達していないようにみえるだけに、この浪費はいっそう不可解である。雑交がおこりうるのは、巣が密集している場合、および、同じ日に結婚飛行がおこなわれる場合にかぎられる。それゆえ——とはいっても、自分の生家にかえるチャンスが奇蹟的にえられたと仮定した上での話であるが——別々の母親から生まれたシロアリがカップルになる可能性はきわめてすくない。われわれはうぬぼれないようにしよう。これらのことが非論理的で、辻褄があわないようにみえるとしても、きっとそれは、われわれの観察や解釈がまだ不十分だからである。ジャン・ド・ラ・フォンテーヌがいうように、一見、自然はほかにも多くの失敗をしているようであるが、自然に責任をなすりつけないかぎり、まちがっているのはわれわれの方である。

ミツバチにおいても、分巣は全体的災害である。一年間に何回もくりかえされる巣わかれは、もとの巣やそのコロニーにとってつねに滅亡と死の原因である。現代の養蜂家は若い女王ミツバチを殺し、ミツの貯蔵室を拡大することによって、分巣をできるだけさまたげようとする。しかし、多くの場合、〈分巣熱〉と呼ばれるものを阻止することはできない。巣わかれをせず、ミツを多量に保存している最良の巣が、かつては組織的に犠牲に供されていた。今日、養蜂家はこの長年の野蛮な習慣と破壊的な逆行的淘汰のツケを支払わされているのである。

シルベストリの観察によれば、このような災厄を免れるために、ある種のシロアリは巣わかれを夜か雨の日にのみおこなう。逆に、分巣の回数をふやすために、小さい群れにわかれ、すこしずつ数ヵ月にわたって巣をでていくシロアリもいる。ここでもう一度指摘しておかなければならないことは、シロアリの場合はミツバチの場合とちがって、全般的な掟にかなりの柔軟性があるということである。シロアリもまた、人間と同じように何よりも便宜主義者である。そして、その意味において、本能によって導かれていると見なされているすべての動物の習性に反している。自己の運命の大綱を尊敬しながらも、やむをえないときには、われわれと同じ程度の知能をもって、状況や必要や、あるいは単純に時の都合に運命を従属させ、適応させるすべを知っている。原則的にいって、かれらは種ないし子孫の願いをかなえるために、あるいは、自然の年来の考えにそむかないために、異常に負担がかかり、一〇〇回のうち九九回はまったく無意味であるにもかかわらず分巣をおこなう。しかし、かれらは必要に応じてそれを制限し、規制し、あきらめさえもする。しかも支障なくやっていく。原則としてかれらは君主制主義者である。T・J・サビッジが観察したように、必要があれば部屋を二つに仕切り、ふたりの女王をやしなう。ハビランドは六組の王夫婦を見たといっているが、ハタラキ・シロアリが巧妙な方法でわれわれの手から逃がした王や女王を勘定にいれると、その数はもっと多いかもしれない。かれらを見つけるのは容易ではない。ハビランドは三日間さがしてやっと巣の奥のガラクタの下に隠れているのを見出したのである。

列挙をおわるにあたってつけくわえておきたいのであるが、原則として、女王になるにはハネをもち、日の光を見ておかなければならない。しかし、必要があれば、かれらは巣から一度もでたことのない、三〇匹ばかりの産卵ハネナシ・シロアリを女王の代わりにする。原則として、かれらは外国の王をみとめないが、王座があいていれば、必要に応じて、提供された王をよろこんで迎えいれる。原則として、一つの巣には明確に特徴づけられた一つの種のみが住むのであるが、実際には、まったく異った二、三種、ときには五種のシロアリが同じ巣で協力しているのが何度も確認されている。これらの変節行為は理路整然としているようにみえたり、あるいは、軽卒にみえたりするが、注意してみるならば、つねに都市国家の救いと繁栄という不変の理由をもっているのである。

その上、これらすべての点に関して、まだ不確実なことが多数ある。結論をだすまえに、もっと決定的な観察をまつことがのぞましい。すでに述べたように、シロアリには一五〇〇種あり、この一五〇〇種の習性と社会構造はそれぞれ異っている。それだけにいっそう観察はむずかしい。それらのうちのいくつかは、人間と同じように、数百万年前にはじまった進化のもっとも危機的瞬間に達しているように思われる。

それゆえ、ノーマルな体制は君主制である。しかし、シロアリ社会の繁栄は王夫婦とほとんど無関係である。ミツバチ社会の運命はただひとりの女王の生活につねに依存し、そのことがかれらのすぐれた組織の弱点となっているが、シロアリはミツバチよりもはるかに用心深い。〈憲法〉と呼ぶことのできる基本法が、シロアリの社会においては、はるかに柔軟で弾力性があり、思慮にとみ、気がきいており、そして、明白な政治的進歩の跡をとどめている。シロアリの女王、というよりも産卵家代表であるが、それ以外の何ものでもない彼女が気前よくその義務をはたすならば、彼女にはライバルはない。しかし、多産でなくなるとすぐに、彼女は食物を断たれて抹殺されるか、または、一定数の助手をあたえられる。一つのコロニーに三〇匹の女王シロアリが見出されたことがある。ミツバチの社会は産卵家がふえるとアナーキーと破滅におちいって瓦解するが、シロアリのコロニーは逆にひじょうに力強くなり、繁栄する。それはかれらのオルガニズムの異常な柔軟性のおかげである――かれらのオルガニズムはまだ単細胞のもっともプリミティブな生物の利点と、もっとも進化した生物の利点とをかねそなえている。そしてまた、はっきり解明されていないので推測する以外にないが、われわれのまだ知らない化学的、生物学的知識のおかげでもあろう。すなわち、シロアリは適当な食物と世話とによって、いかなる幼虫でも、いかなるサナギでも、必要なときにいつでも完璧な昆虫に変態させ、六日以内に目やハネを出現させ、どのタマゴからでも自由に労働者や兵隊や王や女王を生むことができるようである。かれらは最後の変態をうけるべく用意をととのえている一定数の個体を、この目的のために、しかも時間の浪費のないように、つねに保存しているのである。（周知のようにミツバチも、より限定されてはいるが同じ能力をもっている。三日間の適当な食べもの、巣穴の拡大、および換気によって、いかなるハタラキ・ミツバチの幼虫も女王ミツバチに変態する。すなわち、普通よりも三倍も大きい、形や本質的器官がいちじるしくちがう昆虫が生まれる。ハタラキ・ミツバチのアゴはナイフの刃のようになめらかであるが、女王ミツバチのアゴは鋸歯状である。彼女の舌はみじかく、巾がせまい。彼女は蜜蠟を分泌する複雑な器官をもっていない。ほかのミツバチには腹部神経節が五つあるが、女王には四つしかない。国民の針がまっすぐであるのにたいし、女王のそれは三日月刀のように曲がっている。彼女は花粉入れをもっていない）。

しかし、たぶんそれが可能であるにもかかわらず、われわれの見ぬきえない理由から、一般にかれらはこれらのタマゴないし候補者の一つを、ハネと複眼をそなえた完全な女王――すなわち、群をなして結婚飛行に飛びたち、そして、新婚の部屋で王によって受胎させられる用意をしている女王――に変態させることはない。ほとんどいつもシロアリたちは、いわゆる女王のあらゆる役目をはたす、盲目のハネナシ産卵シロアリを生みだすことで満足する。しかも、かれらの都市国家はいかなる損害もうけない。周知のようにミツバチの場合はちがう。死んだ女王の代わりになる産卵ハタラキ・ミツバチは、貪欲なオス・ミツバチしか生まないので、もっともゆたかな、もっとも繁栄したコロニーさえも二、三週間で破滅と死においこまれる。

人間の視線の理解しうるかぎりでは、本当の女王シロアリを所有する巣と、産卵・平民シロアリしかいない巣とのあいだには、目立った差違はない。幼態成熟の産卵シロアリは王や女王を生むことはできず、その子孫はハネや目がなく、決して完全な昆虫になれないと主張するシロアリ学者がいる。そうかもしれないが、十分に証明されたわけではなく、その上、これはコロニーにとって重要なことではない。すでに指摘したように、もともとコロニーは極度に不確実な雑交をかならずしも必要としない。コロニーにとって必要欠くべからざるものは、ハタラキ・シロアリと兵隊シロアリとを生む母親である。その上、この代理方式に関することはすべて論争中であり、シロアリ社会のもっとも神秘的な点の一つである。

IV

同じように論争中の問題、ないし、十分に掘りさげられていない重要な問題は、寄生虫である。だが腸内寄生虫のことではない。実際、シロアリの巣には正式の住民のほかに、多数のイソウロウが住んでいる。これらの食客に関する調査や探究はまだアリの場合ほどおこなわれていない。周知のように、アリの寄生虫はおもしろい役割りをはたし、異常に繁殖する。すぐれたアリ学者バスマンはアリの寄生虫を一二四六種もあげている。ある寄生虫はあたたかい、しめった地下道のなかに単純に食事と住居をもとめ、慈悲深くうけいれられている。あのラ・フォンテーヌが信じていたほど、アリはブルジョワ的でもなければ、ケチでもない。しかし、大多数の寄生虫は有用であるばかりか、必要不可欠でさえもある。しかし、その役割りがまったく説明できない寄生虫もいる。たとえば、シャルル・ジャネによって注意深く観察され、大部分のラシウス・ミクストス（*Lasius mixtus*）がもっているあのアンテノフォルス（*Antennophorus*）。これは比較的大きな一種のシラミである。体の釣りあいからいえば、アリの頭は人間の頭のほぼ二倍に相当するが、アンテノフォルスはアリの頭ほどの大きさである。一般に一匹のアリにこのシラミが三匹いる。アリがあるくときに体のバランスがとれるように、念入りに、かつ、方法的に、アゴの下に一匹、腹の両側にそれぞれ一匹ずつくっつく。ラシウス・ミクストスははじめはかれらを迎えいれようとはしないが、いったんかれらが居坐ると、かれらをうけいれ、もはや追いはらおうとはしない。一生涯不平もいわず、このように重く邪魔な三重の重荷を背負って生きる、聖者伝中の殉教者ともいうべきこのアリは、一体、何ものなのであろうか。寓話の貪欲なアリがこの重荷を甘受するばかりか、かれらを自分の子供のように世話し、そして、やしなう。たとえば、おそるべき寄食者で身を飾った一匹のラシウスが、スプーン一杯のミツを見つけ、腹いっぱい食べて巣にかえる。芳香にひかれてほかのラシウスが近づき、分け前を要求する。寛大にも、最初のラシウスは後からきた懇願者たちの口に、ミツをはきだす。するとイソウロウたちが貴重な液体の数滴を途中で横取りする。アリはそれをさまたげようとするどころか、このピンハネを助け、満腹した寄生虫がたちさるのを仲間といっしょに待っている。これらの巨大な贅沢ジラミはその重さでわれわれをおしつぶしてしまうであろうが、アリたちはかれらをつれてあるくことに、われわれには理解できない不思議なよろこびを味わうのである、と考えなければならない。ようするに、われわれには昆虫の世界がほとんどわからない。人間をみちびく精神や感覚と、かれらをみちびく精神や感覚とのあいだには、ほとんど共通点がないのである。

しかし、アリのことはこのくらいにして、木食い虫の方にもどろう。E・ウォレン教授によれば、一九一九年に知られたシロアリの食客は四九六種類にのぼり、そのうち三四八種類は鞘翅《ショウシ》類である。その上、あたらしい種類が毎日見出されている。それらは友好的にもてなされる本当の客（*Symphiles*）、黙認されるか、関心をもたれない客（*Synoeketes*）、侵入して追いはらわれるもの（*Synechtres*）、いわゆる厄介者（*Ectoparasites*）に分類される。かれらは科学的名称をあたえられているにもかかわらず、問題は解明されていない。われわれはより完全な研究を待っているのである。

7 章

被害

イスがくずれ、テーブルがつぶれ、屋根がおちる。
すべてが道化の精によって仕組まれているかのようだ。

シロアリは信じがたいほど巧妙な鉄の掟、生命力、おそるべき繁殖力によって、熱帯の風景のなかにひろがり、増加していく。一般に自然は人間にあまり寛大ではないが、自然の何らかの気まぐれ、または偶然が、もし、シロアリがひじょうに傷つきやすく、極度に寒さに敏感であることを望まなかったならば、シロアリは人類にとって一つの危険となり、まもなく地球全体をおおいつくしてしまうであろう。シロアリは温暖であるだけでは生きることができない。すでに述べたように、かれらは地球上のもっとも暑い地方を必要とする。気温は二〇度から三六度でなければならない。二〇度以下で死に、三六度以上になると原生動物の死滅によって餓死するのである。しかし、シロアリは定着しえたところでは、おそるべき損害を引きおこす。「シロアリはインド最大の災禍である」とすでにリンネがいっている。だれよりもシロアリを知っているW・W・フロガットはつぎのようにつけくわえている。「人間がつくるものにたいしてこれほど絶えまない戦争をしかける昆虫は、熱帯や温帯地方においてはシロアリ以外にない」。家は基礎から屋根まで内部を蝕まれてくずれる。家具、布、紙、服、クツ、食料品、木材、草が消えさる。超自然的なおどろくべきかれらの掠奪から、何ものも逃れることはできない。かれらの掠奪がつねに見えないところでおこなわれ、災厄の瞬間にしかあきらかにならないからである。樹皮が細心の注意をはらって保たれていて、完全に生きているようにみえる大木が、さわった瞬間、一挙にくずれさる。セント・ヘレナ島での話であるが、ふたりの警官が葉におおわれたセンダン科の大木の下で話をしていたとき、ひとりが幹にもたれかかった。この解熱用の巨木は内部が完全に粉末状となっていて、かれらの上にくずれおち、ふたりは木くずでおおわれた。破壊作業はときどき電撃的な早さでおこなわれる。クイーンズランドの農夫がある晩荷車を野原においてかえった。翌日いってみると金具しかなかった。植民地のある白人が五、六日、家をあけた。かえったときは、すべてがもとのままであった。何もかわった様子はなく、敵の侵入をしめす何もなかった。しかしイスにすわるとイスがくずれ、テーブルにすがると、テーブルが床につぶれた。中央の梁をおしてみたところ、梁がくずれ、屋根が砂ぼこりをあげておちてきた。シャトレのおとぎ話のように、すべてが道化の精によって仕組まれているようにみえる。シロアリの巣をしらべるためにその近くにキャンプしていたスミースマンは、ある夜、ねているあいだに着ていたシャツを食いつくされた。もうひとりのシロアリ学者ヘンリッヒ・バルト博士は、ひじょうに用心したにもかかわらず、二日でベッドとジュータンを食いつくされた。オーストラリアのケンブリッジの食料品店では、倉庫のあらゆる品物がかれらの餌食になる。ハム、ラード、めん類、イチジク、クルミ、セッケンが姿をけす。ビンの栓をおおっているロウやスズの口金がつきやぶられ、栓が傷つけられて液体がながれでる。カンヅメのカンのブリキが科学的に攻撃される。かれらはまずスズの被膜にヤスリをかけ、つぎに、むきだしになった鉄の上にサビを生じさせる液をふりまき、難なくカンをつきやぶる。かれらはまた、どんなに厚い鉛にも穴をあける。シロアリの小さい足はガラスの上をつるつるすべるので、ガラスビンをさかさにして、その上にトランクや箱や寝具をおけば安全であるとひとびとは考える。しかし、気づかないあいだに、数日後にはガラスはエメリーでみがいたように腐蝕し、かれらがビンの口や腹の上をしずかに往来している。かれらはかれらの食料である草の茎にふくまれるシリカを溶かす液体を分泌するが、これがガラスも溶かすのである。このことは、部分的にガラス化しているかれらのセメントの異常な固さを説明するものである。かれらはユーモア作家にふさわしい空想的なことをする。イギリスの旅行家フォーブズは『東洋の思い出』のなかでつぎのように語っている。友人の家に数日とまってかえってみると、部屋の飾りである版画は完全に蝕まれ、その枠も跡かたもなく消えていた。しかし、版画をおおうガラスはセメントによって壁にていねいに固定され、もとの位置にあった。おそらく、落ちてこなごなにこわれないようにするためである。かれらはまた、深部まで食いつくしたために、遠征が終了するまえにくずれそうになった大梁を、慎重なエンジニアとしてセメントで補強さえもしていた。

これらの損害はすべて、生きものの姿が見えないのにもたらされる。一本の小さい粘土の管が蛇腹や腰板にそって巣までつづいている。この管は二つの壁でつくられる角に隠れているので、近くによらなければ見えないが、それだけが敵の存在と正体を知らせるものである。目の見えないこの昆虫は、逆に、姿を見られないようにするために必要なことをする天分をもっている。仕事はしずかにおこなわれる。家の骨組みを食いつくす数百万の口の音を深夜にきき、家の崩壊を予想できるのは、経験をつんだ耳のみである。

コンゴのエリザベートビルなどでは、建築家や事業家はシロアリの被害が不可避であることを予想し、予防措置をとらなければならないという理由で、見つもり額を四〇％増しにする。この地方では、鉄道の枕木も電柱も橋の骨組みも完全に食いつくされ、毎年とりかえなければならない。どんな衣服も屋外に一晩放置すると金属のボタンしか残らない。また、内部で火をもやさない原地人の小屋は、シロアリの攻撃に三年以上はもちこたえられないのである。

II

以上は家庭のふつうの被害である。しかし、ときにかれらは大規模な行動をおこし、その破壊を一都市、あるいは一地方全体にひろげることがある。一八四〇年、拿捕《ダホ》されてマストを失った一隻の奴隷船が、ブラジルの小シロアリ、エウテルメス・テヌイス（ツノないし噴射機をもつ兵隊）をセント・ヘレナ島の主都ジェイムズタウンにもちこんだ。ひとびとはシロアリによって破壊された市の一部を建てなおさなければならなかった。ジェイムズタウンは地震によって破壊された町のようであったと、市の正式の史料編纂官J・C・メリスは語っている。

一八七九年には、スペインの戦艦がフェロール港でテルメス・ジウェス・シロアリによって壊滅している。『フランス昆虫学会紀要』（シリーズ2、一八五一年、第九巻）に引用してあるルクレール将軍の説明によると、一八〇九年にフランス領アンチーユ島がイギリスの攻撃に抵抗できなかったのは、シロアリが倉庫をあらして大砲や弾薬を使用不能にしたからである。シロアリの犯罪リストは無限に延長しうるであろう。すでに述べたように、ひとびとがシロアリとの戦いを断念したオーストラリアやセイロン島のある地域は、かれらのために耕作不能となった。タイワン島では、コプトテルメス・フォルモスス・シカリ（*Coptotermes formosus shikari*）がモルタルまで食いつくし、セメントで強化されていない壁がくずれおちた。

しかし、かれらは傷つきやすく、脆弱で、巣のくらやみのなかでしか生きられないのだから、かれらを追いはらうにはその円屋根をこわしさえすればいいのだ——最初はそう思われる。しかし、かれらはすでに不意の攻撃をかわす準備をととのえているといっても過言ではない。実際、かれらの巣の上部を火薬で爆破したあと、そこをたえず鋤で平らにする地方では、シロアリはもはや丘をつくらず、アリのように完全な地下生活を甘受し、姿を見せなくなるのである。

寒冷という障壁がいままではヨーロッパをシロアリからまもっていたが、このように柔軟性にとみ、異常なほどに形を変えうるこの生きものは、最後にはわれわれの風土に馴れるかもしれない。

ランド地方のシロアリの例から理解できるように、かれらは哀れな退化と引きかえに、もっとも無害なアリ以上に無害となることによって多少ともそれに成功したのである。おそらくそれは第一段階である。とにかく、前世紀の『昆虫学会紀要』の詳細な報告によれば、熱帯の本当のシロアリが船艙《ソウ》の植物屑のなかに隠れてサント・ドミンゴからやってきて、シャラーント・マリチーム県のいくつかの町、とりわけ、サント、サン・ジャン・ダンジェリ、トネ・シャラーント、エクス島、そして何よりもラ・ロシェルに侵入した。決して姿を見せない無数の昆虫によって、家々が軒並みに攻撃され、ひそかに侵食された。ラ・ロシェル市全体が侵食の脅威をうけ、災厄は港と堀をつなぐラ・ベリエール運河によってしかおしとどめえなかった。家々はくずれおちた。兵器庫や市役所は支柱でささえなければならなかった。ある日、ひとびとは記録や書類がすべてスポンジ状の残骸になっているのを発見しておどろいた。同じことがロシュフォールでもおこった。

この荒廃の元凶は、もっとも小さいシロアリの一種、体長三、四ミリメートルのテルメス・ルシフグスであった。

8 章

神秘の力

コロニーの異常な繁栄、安定、協調、無限の存続は、
一連の幸福な偶然にのみよるのではない。

組織がより複雑であるがゆえにいっそう不可解なシロアリ社会のなかに、われわれはミツバチと同じ大問題を見出す。ここの支配者はだれであろうか。だれが命令をだし、未来を予測し、プランをたて、釣りあいをとり、管理し、死刑を宣告するのであろうか。それは自分の職務の哀れな奴隷である君主ではない。王は食物をハタラキ・シロアリの善意に依存し、オリに閉じこめられている。シロアリ都市国家のなかで、その城壁をこえる権利をもたないのは王のみである。王シロアリは女王シロアリの腹の下でおしつぶされ、おずおずして、おびえきった哀れな存在である。一方、女王シロアリも、何かの神にささげるべきいけにえしかいない社会における、もっとも哀れむべき犠牲者であろう。下臣たちは彼女をきびしくコントロールし、彼女の産卵がもはや満足すべきものでないと判断すると、彼女の食物を断つ。彼女は餓死する。かれらは彼女の屍骸をむさぼり食い――何ものをもむだにしてはならないからである――彼女の後任を任命する。すでに見たように、かれらはまだ分化していない一定数の成虫を後任用としてつねに保留しているが、種の異常な多形性のおかげで、これらの成虫を急きょ産卵シロアリに変えるのである。

兵隊シロアリもまた支配者ではない。かれらは自分の武器におしつぶされ、ヤットコをもてあまし、性とハネをうばわれ、まったく目が見えず、その上、ひとりで食べることのできない不幸な生きものである。さらにまた、ハネ・シロアリも支配者ではない。かれらは国益と集団的残酷さの下におしひしがれた不運なプリンスとプリンセスであり、一瞬、目ざましく、悲劇的に姿をあらわすのみである。残るのは、共同体の胃腸ともいうべきハタラキ・シロアリである。かれらはみんなの奴隷であると同時に主人であるようにみえる。シロアリ都市国家の〈ソビエト〉を構成しているのは、この群であろうか。とにかく、王、女王、ハネ・シロアリなど、目をもち、目が見えるシロアリは、あきらかに総裁政府から排除されている。不思議なことは、このような政治組織のシロアリ国家が、何世紀ものあいだ存続しうるということである。人間の歴史では、本当にデモクラチックな共和国が数年以上存続してなお解体せず、敗北や専制のなかに消滅しないという例はない。人間の群集は政治に関して悪臭のみを好む犬の鼻をもっているからである。人間はもっとも良くない臭いのみをえらぶ。しかも、その嗅覚はほとんどまちがいをおかさない。

しかし、盲目のシロアリたちは協議するのであろうか。かれらの共和国は、アリの巣のように静寂ではない。われわれはかれらがどのようにして意志疎通をはかっているのかを知らない。しかし、われわれが知らないということは、かれらが意志を伝えあわないという理由にはならない。きわめて些細な攻撃でも、警報が燎原の火のようにひろがる。防衛体制をととのえ、秩序と方法とをもって緊急の修理をおこなう。他方、これらのメクラたちは思いどおりに産卵を調節する。すなわち、産卵を促進するときには女王に唾液をあたえ、それを制御するときには唾液をとりあげる。同じように、兵隊シロアリが多すぎると判断すると、その数をへらす。すなわち、無用と思われるシロアリを飢え死にさせて食べるのである。かれらはタマゴのときにその未来を決定する。そしてあたえる食べものによって、好みのままにハタラキ・シロアリ、女王、王、ハネ・シロアリ、兵隊シロアリに仕立てあげる。しかし、かれらはだれに、そしてまた、何に服従しているのであろうか。かれらは性やハネや目を公共の利益のためにささげ、無数のさまざまな仕事を引きうけ、農民、土方、石工、建築家、指物師、庭師、化学者、乳母、葬儀人夫としてみんなのためにはたらき、食べ、消化し、くらやみのなかを手さぐりし、地下牢の永遠の囚人として穴倉をあるいている。それゆえ、他のだれよりも、何をなすべきかを理解し、感知し、予測し、見ぬくことが不得手のようである。

かれらは純粋に本能的な行動を秩序よくおこなっているだけなのであろうか。かれらは生得観念にみちびかれて、まず最初に、大多数のタマゴから自分と同じハタラキ・シロアリを機械的に生みだすのであろうか。そして、つぎに、同じように生得のもう一つの衝動にしたがって、同じタマゴから、あの雌雄のシロアリ部隊を出現させるのであろうか。セックスをもったこのシロアリはハネをもち、目が見え、そして、王と女王とを供給したあと大挙して死滅する。さらに第三の衝動によって一定数の兵隊シロアリを形成し、しかもこの守備隊が多量の食糧を必要とし、維持費がかさむときには、第四の衝動によってその定員をへらすのであろうか。これらはすべてカオス的な動きなのであろうか。そうかもしれない。しかし、この巨大なコロニーの異常な繁栄、安定、融和的協調、ほとんど無限の存続は、一連の幸福な偶然にのみよるのではないであろう。これらすべてを偶然が支配するとしても、その偶然はわれわれの神々のなかでもっとも偉大な、もっとも賢明な神に近いのだ、ということはみとめなければならない。ようするに、もはやこれはことばの問題にすぎない。意見の一致は容易である。ともかく、本能説は知能説以上に満足な解答ではない。是非はともかくとして、なるほど、われわれは知能についてはいくらか知っていると思っている。しかし、本能についてはまったく無知である。それゆえ、おそらく本能説の方が不満足な解答となるであろう。

II

ミツバチにおいてもまた、まったく同じおどろくべき政治的、経済的能力がみとめられる。ここではそれをとりあげないが、アリにおいてはその能力がさらにいっそうおどろくべきものであることをわすれないでいただきたい。たとえば小さい黄色のアリ、ラシウス・フラウス（*Lasius flavus*）は、周知のように多数のアブラムシを自分たちの地下室に閉じこめ、本当のウシ小屋のなかに囲いこみ、われわれがウシやヤギから乳をしぼるように、かれらから甘い汁をしぼりだす。別種のアリ、フォルミカ・サンギネア（*Formica sanguinea*）は奴隷狩りにでかける。ポリエルグス・ルフェスケンス

(*Polyergus rufescens*)は幼虫の飼育を奴隷にのみまかせる。アネルガット(*Anergates*)はまったくはたらかないで、捕虜にしたテトラモリウム・ケスピトム(*Tetramorium cespitum*)のコロニーによってやしなわれる。参考までに熱帯アフリカのキノコ培養アリについて述べるが、かれらはときに長さ一〇〇メートル以上のまっすぐなトンネルを掘り、葉を小さく切って腐植土をつくる。かれらはかれらだけが知る方法によって、よそでは絶対にえられない特殊なキノコをその上に発生させ、育成する。最後に、アフリカやオーストラリアのある種のアリをとりあげよう。そこには特殊なメス・ハタラキ・アリがいる。彼女たちは決して巣をはなれず、両足で巣にぶらさがっている。そして、ほかに適当ないれものがないので、彼女たちが容器となり、タンクとなり、生きたミツ壺となる。彼女たちは弾力性のある、球状の巨大な腹をしている。みんなはあつめたものをそこに吐きだし、空腹になるとそこから吸いとるのである。

つぎつぎに無限に列挙しうるであろうこれらの事実は、伝説的なうわさにもとづくものではなく、すべて、科学的な綿密な観察によってえられたものである、とつけくわえる必要があろうか。

III

わたしは『蜜蜂の生活』のなかでは、ミツバチ社会の慎重で神秘的な管理ないし統治は、〈巣の精霊〉

によっておこなわれるのだと解釈した。よりよい解釈がなかったからである。しかし、これは未知の現実をおおいかくす無意味な言葉でしかない。

別の仮説にたてば、ミツバチやアリやシロアリの社会は、ただ一つの個体であるとみなしうるであろう。それはまだ安定した形のきまらない生物体かもしれないし、あるいは、すでに形のきまった生物体かもしれない。この生物のもろもろの器官は数千の細胞から成り、はっきりした形をとっている。これらの器官は外見上はそれぞれ独立しているが、センターが定める同じ掟につねに従属している。われわれの体もまた一つの共同体、一つの集団、六〇兆の細胞から成る一つのコロニーである。一つ一つの細胞は、その巣ないし核が崩壊するまでそこをはなれることができず、とらわれの状態でじっと坐っていなければならない。シロアリ社会の組織はひじょうにおそろしく、ひじょうに非人間的にみえるけれども、われわれの体の組織もまた、これと同じ方式にもとづいて構成されている。集団的人格、全体や公益のために無数の部分が強いられる絶えざる犠牲、防衛体制。死滅したり、役立たなくなった細胞にたいする食細胞の食人的行為。自分の知らない目的にむかっての、目立たない、はげしい、盲目の労働、残忍さ。栄養摂取、生殖、呼吸、血液循環などの専門化。連帯性、危険にさいしての召集方法。均衡保持、治安維持。これらすべてにおいて、シロアリ社会の組織と人体の組織は同じである。たとえば、多量の出血がおこると、どこからともなく命令が発せられ、赤血球が途方もなく増殖しはじめる。よわった肝臓が毒素を見のがすと、腎臓がその代理をつとめる。心臓弁膜に故障がおきると、病巣のうしろにあるくぼみが肥大してその活動をおぎなう。われわれの知能は、自分の体の頂点において支配していると信じているけれども、その相談をうけることもないし、また、それに関与することもできない。

わたしたちが知っているのは――これはごく最近知ったことであるが、われわれの器官のもっとも重要なはたらきは、最近まで存在が疑問視されていた内分泌腺やホルモン分泌腺に依存しているということ、とりわけ、結合細胞のはたらきを調節したり、ゆるめたりする甲状腺、呼吸や体温を規制する脳下垂体、松果腺、生殖腺など、数兆個の細胞にエネルギーをくばる内分泌腺に依存しているということである。しかし、これらの内分泌腺をだれが規制しているのであろうか。この内分泌腺が、まったく同じ条件のもとで、あるものには健康と生きるよろこびをあたえ、あるものには病気や苦痛や苦労や死をもたらすのはどうしてなのであろうか。他の領域と同じように、この無意識の領域でも知能が不ぞろいなのであろうか。病人とはこの無意識なるものの犠牲者なのであろうか。たとえばパスカルのようなその世紀でもっとも知的な人間の肉体が、無意識や、不馴れで、明白に愚かな潜在意識によって支配されるということが、しばしばおきているのではないだろうか。これらの内分泌腺がまちがいをおかしたとき、その責任はだれにあるのだろうか。

わたしたちは何も知らない。わたしたちの肉体の生存を維持するための本質的命令をだすのは一体だれなのか、わたしたちはまったく知らない。メカニックにオートマチックに単純に事が運ぶのであろうか。あるいは、公益に留意する一種の中央権力、あるいは幹事会が発する慎重な処置によるのであろうか。われわれはわれわれ自身のことさえ知らないのであるから、ミツバチ、アリ、シロアリの社会のような、われわれからはるかにはなれた、われわれの外でおこなわれることをどうして理解することができるであろうか。そしてまた、だれがその社会を支配し、管理し、未来を予測し、法律を定めるかをどうして知りえようか。

さしあたりわれわれが確認できることは、細胞連邦は必要に応じて、食べたり、ねむったり、うごいたり、体温を調節したり、細胞をふやしたりするか、またそうするように命令をだすのだ、ということである。シロアリ連邦もまた、兵隊、はたらき手、産卵家が、必要に応じて同じことをする。

もう一度もとにもどるが、シロアリ社会を一個の個体と見なす以外、ほかに解決はないだろう。ジャウォルスキー博士はこれをつぎのようにきわめて適切にいっている。「個体は部分の総和、共通の源、実質的連続によって成りたつのではなく、集団的機能の実現、いいかえれば、目的の統一によって成りたつのだ」

あるいはつぎのように見なすのが、より好ましいかもしれない。すなわち、われわれの体内でくりひろげられる現象も、シロアリ社会で継起する現象も、ともに、〈宇宙〉に散らばる英知、世界のインパーソナルな思想、自然の精髄、ある哲学者のいう〈世界霊魂(*Anima Mundi*)〉、あるいはライプニッツの予定調和に帰せられるのだ、と。ライプニッツの予定調和には、魂を支配する究極原因や、肉体を支配する動因についての彼の混乱した説明、天才的ではあるが、ようするに何の根拠もない夢想がふくまれている。また、生命力、事物の力、ショーペンハウエルの〈意志〉、クロード・ベルナールの〈主導的思想〉、〈形態学的プラン〉、摂理、神、第一の原動力、〈あらゆる原因のなかの、原因のない原因〉、さらには単なる偶然のせいにしてもよい。これらの答えには優劣がない。なぜなら、これらの答えはいずれも、われわれは何も知らず、何もわからず、そして、すべての生命現象の起源、意味、目的は、なお長期間、いや、おそらく永久につかめないであろうということを、多少とも卒直にあらわしているからである。

9 章

シロアリ社会のモラル

最後のねむりのなかにしか休息はない。
病気さえも許されず、衰弱は死刑判決同然である。

I

ミツバチの社会はひじょうに苛酷にみえるが、シロアリの社会はそれよりもはるかにきびしく、非情である。ミツバチは都市国家の神々にたいしてほとんど完全な犠牲をはらう。それでもかれらにはいくらかの独立性が残されている。かれらの生活の大部分は、春、夏、秋のすばらしい季節に自由に開花し、屋外の太陽の光のもとでくりひろげられる。かれらはあらゆる監視から遠くはなれて花の上をとびまわる。他方、シロアリの暗うつな共和国には、完全な犠牲と終身禁固と絶えざるコントロールがある。すべてが黒く、重苦しく、胸苦しい。せまいヤミのなかで月日がすぎる。かれらはみんなが奴隷で、ほとんどみんながメクラである。生殖の大狂気の犠牲者をのぞいて、だれも地上にあがらず、大気のなかで呼吸せず、日の光を見ない。すべてが終始永遠のヤミのなかでおこなわれる。すでに見たように、食糧をさがしにいかなければならないときにも、地下の長い管状の道を通り、日のあたるところでは決してはたらかない。梁や桁や樹木を蝕むとき、かれらは内がわから侵食し、塗料や外皮はそのまま残す。人間は何も気づかない。無数の亡霊が家をおそい、ひそかに壁のなかをうごめいているにもかかわらず、人間はその姿をまったく見ることができない。かれらは家や木がたおれ、くずれるときにしか姿を見せない。かれらの世界ではコミュニズムの神々が飽くなきモロク（子供がいけにえとして捧げられる中近東の神）になる。あたえられればあたえられるほど、かれらは要求する。個人が無に帰し、個人の不幸が極限に達したときにしか要求をやめない。かれらの専制は人間の世界には例のないおそるべきものであり、また、人間の場合とちがってだれかに利益をもたらすというものでもない。かれらの専制は無名で、内在的で、拡散的で、集団的で、とらえがたい。しかし、専制はこのようにとらえどころのない漠としたものとして生まれたのではない。あきらかに自然の気まぐれの所産である。そのことがひじょうに興味をそそるとともに、ひじょうに大きな不安をあたえる。現在見出される専制の全段階が証明することは、専制が段階的に定着したということ、そして、もっとも進化したようにみえる種がもっとも奴隷的で、もっとも哀れにみえるということである。

すべてのシロアリが昼夜をとわず、正確で、複雑な、さまざまな仕事に骨身をけずっている。孤独で、用心深く、諦観的であり、単調な日常生活のなかではほとんど無意味な存在であるおそるべき兵隊シロアリは、生命を危険にさらし犠牲にすべき瞬間を暗い兵舎のなかで待っている。かれらの規律はカルメル修道会やトラピスト修道会のそれよりも無慈悲のように思われる。未知の場所から生まれる法律や規則にたいするかれらの自発的服従は、いかなる人間社会の結社にも例がない。これはおそらくもっとも残酷な、あたらしいタイプの社会的宿命である。われわれもこの宿命にむかってすすんでいるのであるが、この宿命が、既知の宿命につけくわわったのである。最後のねむりのなかにしか休息はない。病気さえも許されない。衰弱は死刑判決同然である。そのコミュニズムは共食いや糞食にまで（いわば排泄物のみを食べるのだから）おしすすめられる。ミツバチたちはこのような地獄を想像できるであろうか。たしかに、われわれはつぎのように仮定することが許される――ミツバチはそのみじかい苦しい運命を不幸であると感じないのだ、そして、かれらは夜あけのツユのなかで花をおとずれ、収穫に酔いしれ、心地よく、活動的で、芳しい、ミツと花粉の宮殿の雰囲気のなかにかえることに何らかのよろこびを感じるのだ、と。しかし、シロアリはなぜ地下納骨所のなかを這いまわっているのであろうか。かれらの賤しい陰うつな生涯のくつろぎ、報酬、たのしみ、よろこびは何であろうか。何百万年来、かれらは生きるためというより、死なないためにのみ生きているのであろうか。そしてまた、よろこびもなくその種を無限にふやし、とりわけ、みじめな、不吉な、哀れな生存形態を希望もなく存続させるためにのみ生きているのであろうか。

これがかなりナイーブな人間中心主義的な考察であることは事実である。われわれは外面的な、かなり物質的な事実しか見ていない。そして、ミツバチやシロアリの世界に本当におこっていることについてまったく無知である。かれらの世界がエーテル的で、電気的で、心霊的な生命的神秘をかくしているということはひじょうにありうることである。しかし、われわれにはその神秘がまったく理解できない。日毎われわれに、よりいっそう理解できることは、人間がもっとも不完全な、もっとも知能の劣った被造物であるということである。

II

シロアリの社会生活に関する多くのことがわれわれに嫌悪と恐怖をふきこむとしても、とにかく確実なことは、偉大な観念、偉大な本能、偉大な自動的ないし機械的衝動、さらにいえば一連の偉大な偶然――結果しか見えないわれわれにとっては原因は重要ではない、いいかえれば、公共の利益にたいする絶対的献身、あらゆる生命やあらゆる個人的利益やあらゆるエゴイスチックなもののおどろくべき放棄、完全な自己犠牲、都市国家安泰のための不断の犠牲によって、人間であれば英雄や聖人となるであろうが、かれらはわれわれよりもまさっているということである。われわれはかれらのなかに、人間社会においてもっとも厳格に順守すべきもっともおそろしい三つの誓い、すなわち清貧、従順、純潔――自発的性器除去にまで極端化している――を見出す。しかしその目をくりぬくことによって、弟子たちに永遠の闇と永久的盲目の誓いとをおしつけることを思いついた苦行者ないし神秘主義者とは、いったい何ものなのであろうか。

「昆虫にはモラルがない」と偉大な昆虫学者J・H・ファーブルがあるところで述べている。これは速断である。モラルとは何であろうか。リトレの定義を借用するならば、〈人間の自由な活動を指導すべき規則の総和である〉。この定義がそのままシロアリ社会に適用されないであろうか。そして、シロアリ社会をみちびく規則はもっとも完璧な人間社会における規則よりも高邁であり、また、より厳格にまもられているのではなかろうか。われわれは〈自由な活動〉という言葉について無意味な理屈を並べたてることはできるであろう。シロアリの活動は自由な活動ではない、かれらはその任務の盲目的遂行からのがれることができないのだというのであろうか。しかし、はたらくことを拒否するハタラキ・シロアリや、戦うことを回避する兵隊シロアリはどうなるであろうか。彼は追放され、巣の外でみじめに死ぬであろう。あるいは、同胞によってただちに処刑され、食いつくされてしまうであろう。それはわれわれの自由とまったく似通った自由ではなかろうか。

われわれがシロアリ社会のなかに見たものが、かならずしもすべてモラルでないとすれば、モラルとはいったい何であろうか。ハタラキ・シロアリは承知の上で兵隊シロアリを冷酷な敵にむかわせ、自分は門をしめて死をのがれる。一方、兵隊シロアリは敢然と敵と戦う。この兵隊シロアリのヒロイックな犠牲を思いおこしていただきたい。かれらはテルモピレーの戦いにおけるスパルタ人以上に偉大ではなかろうか。スパルタ人にはまだ希望があった。

アリはハコにいれられて数カ月間エサを断たれると、自分自身の体、たとえば、脂肪組織や胸郭筋肉を食べて幼虫をやしなう。読者はこれについてどのようにお考えだろうか。なぜこれは、称賛すべき、すばらしいことではないのであろうか。これが機械的で、宿命的で、盲目的で、無意識的な行動であると仮定されるからなのであろうか。そんな仮定をする権利はない。われわれはそれについて何を知っているであろうか。われわれがシロアリを観察するときと同じように、だれかがわれわれをぼんやりと観察するならば、彼はわれわれをみちびくモラルについてどのように考えるであろうか。そのひとはわれわれの行動の矛盾や非論理性、われわれの狂気じみた争いや娯楽や戦争のことを、どのように説明するであろうか。そして、そのひとの解釈には何というあやまりがあることか。三五年前に老アルケル（『ペレアスとメリザンド』の登場人物）がいったことをくりかえすべきときである。「われわれにはいつも運命の裏がわしか見えない。われわれの運命のちょうど裏がわしか」。

III

シロアリの幸福は、かれらより強く、よりよい武器をそなえ、そして、かれらと同じようにインテリジェントな、冷酷な敵アリと戦わなければならないことである。アリは中新世（第三紀）に属するので、シロアリは二、三百万年前にこの敵に出合い、以後、休息をうばわれた。アリに遭遇しなかったら、のんきで活気のない、小さな仮のコロニーで、その日その日をぼんやりとくらしていたであろうと思われる。幼虫状の哀れな昆虫にとって、アリとの最初の接触はいうまでもなく敗北であった。そして、その運命が全的に変わった。太陽をあきらめ、刻苦勉励し、集団をつくり、地下にもぐり、人目につかないところに閉じこもり、くらやみのなかで生活し、城砦や倉庫をたて、地下の畑をたがやし、一種の生命錬金術によって食糧を確保し、襲撃用噴射機をきたえあげ、守備隊を保有し、必要不可欠の暖房、換気、湿度調整を完璧にし、屈強の侵入者の大群に対抗するために無限に人口をふやさなければならなかった。とりわけ、束縛をしのび、あらゆる美徳の本源である規律と犠牲をまなばなければならなかった。ひとことでいえば、比類のない悲惨から、われわれがすでに見た驚異を生みださなければならなかったのである。

シロアリと同じように、もしわれわれが器用で、論理的で、獰猛な、互角の敵に出合っていたならばどうなっているであろうか。かつてわれわれは孤立した無意識の敵しかもたなかった。何千年来、人間には人間以外にゆゆしい敵はいなかった。この敵はわれわれに多くのことをおしえた。われわれの知っていることの四分の三はこの敵からまなんだ。しかし、この敵は外部からきた見知らぬひとではなく、彼がもってきたものはすべて、すでにわれわれの内部にあったものである。いつの日か、敵がわれわれの幸福のために近くの星から舞いおりてきたり、もはや期待していない方角から不意にあらわれたりするかもしれない。しかし、すでにそれまでにわれわれは殺しあいをしているであろう。そして、この方がはるかにありうることである。

10 章

運命

全体は完璧になろうとし、無限に長い年月があった。
だが、なぜ完璧ではないのか。

自然は家族、あるいは、母子関係を出発点とする共同生活を拡大し、組織することによって、知的にみえる生物に社会的本能をあたえる。そして、社会が完成に近づくにつれて、かならずこの生物を、規律、束縛、ますますきびしくなる管理体制、よりいっそう不寛容で、たえがたくなる専制的支配、あるいは、ひまと休息のない工場や兵舎や徒刑場のような生活につれていく。自然は奴隷のあらゆる力を枯れつきるまで冷酷に使い、だれにも利益や幸福をもたらさない犠牲や不幸をすべてのひとから要求する。しかもそれは、一種の共通の絶望を何世紀にもわたって引きのばし、深め、増大することにおわるのみである。このようなことを確認するとき、われわれはかなり不安な気持ちにおそわれる。時間的に人間に先行するこの昆虫都市国家は、大部分の文明国民がめざしている地上のパラダイスのカリカチュア、ないし、パロディをあらかじめ提供しようとしたのだといえるかもしれない。そして、とりわけ自然は幸福を欲しないのだといえそうである。

しかし、数百万年前シロアリは理想にむかって上昇し、今やほとんどそれに到達しているようにみえる。かれらがそれを完全に実現したとき、何がおこるであろうか。かれらは今より幸福になるであろうか。ついにかれらはその牢獄からでられるであろうか。その望みはあまりなさそうである。

かれらの文明は太陽のもとで開花するどころか、完成に近づくにつれて地下で萎縮していくからである。かれらはかつてハネをもっていた。今はもうかれらにはハネがない。目があったのに、それを捨てた。もっとも進化のおくれたカロテルメス・シロアリは別として、セックスもあったが、それも犠牲にした。とにかく、かれらはその運命の頂点に達すれば、自然が一つの生命形態から引きだしうるすべてのものを、そこから引きだすであろう。熱帯地方の気温がわずかに低下するだけで――これもまた自然の行為であるが、種全体が一挙に、あるいは短時間のうちに死滅し、化石しか残らないであろう。そして、すべてもう一度はじめからやりなおすことになるであろう。しかも、われわれのまったく知らないことがおこり、まったく理解できない結果がつみかさならないかぎり、すべてがもう一度むだになってしまうだろう。このようなことがおこることはおそらくあるまいが、ようするに、その可能性は否定できないのである。

ところで、もしそのようなことがおこるとしても、われわれにはその結果がほとんど実感できない。すぎさった長い年月と、それが自然に提供した数えきれないチャンスを考えるならば、人類の文明と同じ程度か、またははるかにまさった文明が、他の世界に――そして、たぶんこの地球の上にも――存在したことは明白であるように思われる。われわれの先祖である穴居生活者はそれを利用したのであろうか。そして、われわれ自身はそれから何らかの利益をえるであろうか。それはありうることである。しかし、利益はひじょうに小さく、しかもわれわれの潜在意識のなかに深く埋もれているので、それを理解することは容易ではない。しかし、そうであるとしても、進歩ではなくて、退化とむだな努力と不毛な損失があったであろう。

他方、宇宙のなかで繁栄するこのような世界の一つが、数千年後か、または、この瞬間に、われわれの目ざしているものに到達するならば、われわれはそれを知るだろうと考えることができる。そこに住むひとびとは、エゴイズムの怪物でないかぎり——現在の状態に到達するのに必要な知能をもっているかぎり、そのような怪物ではないだろう——自分たちが学んだものをわれわれに利用させようとつとめたであろう。そしてまた、かれらはその背後に永遠を背負っていたので、おそらくわれわれを助け、われわれを汚れた悲惨から引きだすことができたであろう。かれらはたぶん物質をのりこえたあとは、時間と空間が重要性をもたず、もはや障害とならない精神界で生きるだけに、これはいっそう本当らしい。この上なくインテリジェントで、この上なくすぐれた幸福な何かが、かつて宇宙のなかにあったとしたならば、その結果は最後にはある世界からある世界へと感得されるにいたるであろうと考えるのが合理的ではないのか。そして、今までにそのようなことがなかったとしたならば、未来にどうしてそれがありえようか。

人間のもっとも美しいモラルはすべて、人間は戦い、苦しむことによって清められ、向上し、完成するのだという思想の上にきずかれている。いかなるモラルも、なぜ、絶えずやりなおさなければならないのかを説明しようとしない。われわれのなかの向上した部分、しかも痕跡を残さなかった部分は、太古以来、いったいどこにいき、いかなる無限の渕に消えていったのであろうか。この上なく賢明な〈世界霊魂〉が存在するのに、かつて成功せず、それゆえ決して成功しないであろう戦いや苦しみをなぜ人間は欲したのであろうか。あらゆるものを、それが向かっていると思われる完成の域に、なぜ一気にもっていかなかったのであろうか。その幸福に値しなければならないからであろうか。しかし、自分の兄弟よりもよく戦い、より多く苦しむものは、いかなるメリットをもちうるのであろうか。かれらがかれらを活気づける力や美徳をもっているのは、外部の力がほかのひとよりもかれらにより多くの憐みを感じたがゆえにそれをあたえたにすぎないではないか。いうまでもなく、これらの問いにたいする答えはシロアリ社会のなかには見出しえないが、シロアリがこのような問いかけの手助けをしてくれたことで十分である。

II

空間のなかではひじょうに小さいが、時間のなかではほとんど無限に近いアリ、ミツバチ、シロアリの運命はようするにわれわれの運命、何世紀にもわたる長い年月のあいだに凝縮したこの運命を一瞬のあいだ手のひらにのせているわれわれのすばらしい縮図である。それゆえ、この運命をしらべることは有益である。かれらの運命はわれわれの運命を予示する。何百万年の長い年月にもかかわらず、そしてまた、われわれ人間にあってはすばらしいものとされる美徳、ヒロイズム、献身行為にもかかわらず、かれらの運命は改善されていない。その運命はいくらか安定し、ある危険にたいしては安全になったが、より幸福な運命であろうか。そして、まずしい報酬が大きな苦痛をつぐなっているのであろうか。いずれにせよ、かれらの運命は風土のわずかの気まぐれにも絶えず翻弄される。

自然によるこれらの実験は何をめざしているのであろうか。われわれはそれを知らないが、自然自身も知らないようである。ようするに自然が一つの目標をもっていれば、今までの長い年月のあいだにそれに到達していたであろう。未来の長い年月は過去の年月と同じ価値とひろがりをもっている。というより、未来も過去も永遠の現在において一致し、過去に到達できなかったものは、決して未来においても到達不可能である。われわれの運動の持続時間と振幅がどのようであれ、われわれは二つの無限の中間に不動のまま、空間と時間のなかのつねに同じ地点にとどまっている。

物と世界がどこに行くのかを自問するのは幼稚である。それらはどこにも行かない。それらは到着したのだ。数千億世紀後の状況は、現在や数千億世紀前と同じであろう。すなわちはじめから終りまで同じことであろう。

そもそも、はじめも終りもないのである。物質世界でも精神世界でも、何もこれ以上多くならないであろうし、何もこれ以上すくなくなることもないであろう。科学的、知的、道徳的全領域においてわれわれが獲得しうるであろうものは、すべて過去の長い年月のあいだに必然的に獲得された。そして、過去の経験や知識が現在を改善しなかったように、今後えられるあたらしい知識や経験も未来を改善することはないであろう。宇宙や地球や思想のなかの一部分があたらしいものによってとって代わられるが、あたらしい部分も以前のものと同じものであろう。それゆえ、全体は現在や過去とつねに同一なのである。

全体は完璧になることをめざし、そのための無限に長い年月があったにもかかわらず、なぜ完璧ではないのか。全体よりも力の強い掟があるのだろうか。その掟がわれわれをとりまく無数の世界において、今までもそれを許さず、それゆえ未来においても決してそれを許さないのであろうか。ただ一つの世界においてでも目標が達せられれば、他の世界がその影響をうけないことはありえないであろう。

何かの役にたつ経験や試練があることは首肯できる。しかし、われわれの世界は、無限に長い年月の後に現在の地点にしか到達していないのであるから、経験は何の役にもたたないのだと証明されたのではないのか。

無数の全星辰において、絶えずあらゆる経験が何の実りもえられることなくくりかえされることが理にかなっているのは、空間と時間が無限で際限がないからであろうか。ある行為はそれが無限にくりかえされるという理由で、より有益になるのであろうか。

それにたいして異議がとなえられるであろうか。ほとんど何もいえない。われわれの上や下や内部で現実に何がおこっているのかをわれわれは知らない。厳密にいえば、われわれがまったく理解しえない地域のある領域では、悠久の過去から現在にいたるまで、すべてが進歩し、何ものも失われていないかもしれない。われわれは生きているあいだは決してそれに気づかない。しかし、価値を混乱させるわれわれの肉体が、もはやこの問題にかかわりあいをもたなくなれば、すぐにすべてが可能になり、すべてが無限そのものと同じように無限となり、すべての無限がつぐなわれる。その結果、すべてのチャンスが復活するのである。

III

あらためて確認しておきたいことは、知能とはすべてが不可解なのだということを究極的に理解する能力のことである、ということである。そして、人間のイリュージョンの奥底からものごとをながめよう。このイリュージョンもまた、結局のところ一種の真実であろう。ともかく、これがわれわれの到達しうる唯一の真実である。つねに二つの真実がある。一つはあまりにも高遠な、あまりにも非人間的な、あまりにも絶望的な真実であり、これは不動と死しかすすめない。もう一つはそれほど本物の真実ではないが、われわれに目かくしを当てることによってわれわれをまっすぐにすすませ、生きることに興味をもたせ、そして、人生が結局は墓であることを忘れたまま生きることを可能にする真実である。

この観点から見ると、今話題にしている自然の試みが、ある種の理想に近づいているようにみえるのは否定しがたい。この理想は——危険で過剰な希望を打ちくだくためにこの理想を知ることは悪くない——地球上では膜翅類と直翅類の昆虫共和国においてのみ明確に実現されている。ほとんどいなくなって、もはやあまり研究できなくなったビーバーは別として、現在観察可能な全生物のなかで、ミツバチとアリとシロアリだけが、母親と子供の基本的な結合から出発して徐々に進化し、すでに述べたように、さまざまの種にあらゆる進化の段階がみられる、ついに、おそるべき頂点、ないし、一つの完成に達した知的生活や政治的経済的組織の光景をわれわれに提供してくれる。実際的で、厳密に効用的な見地から見て、あるいは、力の開発、仕事の分割、物質的利益の見地から見て、われわれはまだこのような完成には達していないのである。かれらはまた、われわれがわれわれ自身のなかに見出すあまりに主観的な顔のかたわらに、われわれを不安におとしいれる〈世界霊魂〉の顔を見せてくれる。そして、結局これが昆虫観察の真の興味である。根源的なものを無視する昆虫観察は、かなり卑小で、無益で、ほとんど幼稚に見えるだろう。われわれは昆虫研究を通して、われわれにたいする宇宙の意図を警戒することをまなばなければならない。科学はこの意図を自分が発見したのだと思いこみ、陰険な形でその意図にわれわれを接近させようとする。それだけにますますわれわれは警戒心をもたなければならない。科学を支配するのは自然ないし宇宙である。ほかのものではありえない。そしてこれは不安なことである。われわれは今日、科学の領域に属さないさまざまのことについて、あまりに科学に耳をかたむけがちである。

IV

すべてを、とりわけ社会を、自然に従属させなければならないと今日の科学の基本的公理がいう。このように考え、語るのはきわめてあたりまえのことである。われわれは深い孤立と無知のなかでもがいているが、われわれには自然以外のモデル、目じるし、ガイド、主人はいない。しかし、自然から遠ざかり、それに反抗するようにと、ときに忠告するのもやはり自然なことである。自然の声にもし耳をかたむけなければ、われわれは何をするであろうか、そして、どこに行くであろうか。

シロアリもかつて同じ情況にあった。かれらはわれわれより数百万年も先行するということをわすれてはならない。かれらはわれわれよりもはるかに古い過去と経験をもっている。かれらの目から見れば、われわれは新参であり、ほとんど幼児である。かれらはわれわれよりもインテリジェントでないというのか。かれらが機関車、汽船、戦艦、大砲、自動車、飛行機、図書館、電灯をもっていないからといって、われわれはかれらがインテリジェントでないと仮定する権利はない。かれらの知的努力が東洋の偉大な賢人と同じようにわれわれとちがった方向にむかっただけである。かれらがわれわれと同じ機械力の進歩や自然力の利用の方角をとらなかったのは、それを必要としなかったからである。そして、人間の二、三百倍というおそるべき筋肉の力をそなえていたために、かれらは筋肉の力を助け、それを増大する方策の有用性を考えようとさえもしなかったのである。また、かれらが人間にはあまり見られない、たとえあってもあまり役にたたない種々の感覚器官をもち、そのために人間には必要不可欠である一群の補助用具から解放されているということもほぼ確実である。ようするに、われわれのすべての発明は、われわれの弱さを助け、弱点をおぎなう必要からのみ生まれる。すべてのひとが健康で、かつて病人のなかった世界には、医学や外科など、すすんだ科学の痕跡はまったく見出されないであろう。

V

つぎに、人間の知能は、〈宇宙〉の精神的ないし霊的な力が通過しうる唯一の水路であり、それが具体化される唯一の場所であろうか。われわれ人間は、知能こそ、この地球、および、おそらくあらゆる世界の最高権威であると確信している。しかし、もっとも大きい、もっとも深い、もっとも説明しがたい、もっとも非物質的なこの霊的な力がわれわれのなかに具体化されるのは、知能によってであろうか。われわれの生活のなかにおける本質的なすべてのもの、いいかえれば、この生活の実質そのものは、われわれの知能と無縁であり、かつ敵対するのではなかろうか。そして、われわれにとってもっとも理解しがたい霊的な力の一つを、われわれは知能と呼ぶのではなかろうか。

生きているもの、というよりも、存在しているもの——死者と呼ばれるものもわれわれと同じように生きているのだから——と同数の種類と形の知能があるだろう。われわれの傲慢さと蒙昧さ以外に、ある知能が他の知能よりもまさっていることを証明するものは何もない。人間は自分を宇宙の尺度であるとみなしている虚無の一つぶの泡にすぎない。

その上、われわれはシロアリの発明したものが理解できるであろうか。かれらの巨大な建物、経済的社会的構造、分業、カースト制度、君主制からもっとも柔軟な寡頭政治へと発展するかれらの政治制度、食糧の調達、化学、間取り、暖房、水の再生、多形現象などに再度驚嘆することがなければ、われわれはそれが理解できないであろう。かれらはわれわれよりも数百万年先行するのであるから、おそらくこんどはわれわれがのりこえなければならないであろう試練をかれらはすでにのりこえてきたのではないか、とわれわれはたずねるのであろうか。地質学的時代に北ヨーロッパに住んでいたころ——かれらの痕跡がイギリスやドイツやスイスに見出される——かれらは気候の激変のために地下生活に適応せざるをえなかったが、この地下生活がかれらの視力の衰えと、大多数のシロアリのおそるべき失明とを徐々に引きおこしたのだということをわれわれは知っているだろうか。われわれが余熱をもとめて地球の内部に逃げこまなければならなくなる数千年後に、同じ試練がわれわれを待っているのではなかろうか。われわれはかれらと同じように、巧妙かつ立派にそれをのりこえることができるといえるであろうか。かれらがどのようにして理解しあい、連絡をとるかをわれわれは知っているであろうか。かれらがどのようにして、また、どのような経験と模索の結果、セルロースの二重分解に到達したかをわれわれは知っているであろうか。かれらはわれわれが思いつきさえもしないやり方で、一種の人格や集団的不滅を享受し、それに前代未聞の犠牲を捧げているのであるが、この人格あるいは集団的不滅とは何か、それをわれわれは知っているであろうか。共同体の必要に応じているとはいえ、同じ種に属しているとは思えないほど、たがいにちがった五、六種類のタイプをつくりあげることを可能にする異常な多形性を、かれらはどのようにして獲得したか、それをわれわれは知っているであろうか。それは電話や無線電信の発明よりもはるかに深く自然の秘密にかかわる発明ではなかろうか。それは発生と創造のミステリーをときあかす決定的な第一歩ではなかろうか。すぐれて重要なこの点に関して人間はどの程度すすんでいるのであろうか。われわれは意のままに男女を生みわけることができないばかりか、生まれてくるまで子供の性別がまったくわからない。この不幸な昆虫の知っていることをわれわれが知っていれば、受胎前にすでに極端に専門化し、今までとは比較にならないほどすぐれた、真にえらばれた運動選手、英雄、労働者、思想家を生みだすことができるであろう。かれらは兵隊のアゴや女王の卵巣を異常に肥大化させることに成功しているのに、なぜわれわれは、この世界でのわれわれの唯一の防衛手段であり、われわれ特有の器官である脳を肥大化することに成功しないのであろうか。これは解決しえない問題ではないはずである。たとえば頭脳のすぐれたパスカルやニュートンのような、われわれのなかでもっともインテリジェントな人間よりもわずか一〇倍インテリジェントな人間が、何をすることができ、どの程度すぐれているかをわれわれは理解しているのであろうか。彼は科学の全領域で、おそらく数世紀を必要とする発展段階をわずか数時間でのりこえるであろう。そして、このインテリジェントな人間はこの段階をのりこえると、なぜわれわれは生きているのか、なぜこの地球上にいるのか、死に達するのになぜこのように多くの苦痛が必要なのか、なぜわれわれは多くの苦しい経験が無意味であるという間違った考えをもっているのか、なぜ過去長年にわたる多くの努力が、われわれの眼前にあるもの、すなわち、名づけがたい、希望のない悲惨にしか達しなかったのか、ということを理解しはじめるであろう。これらの問いに立派な答えをだしうる人間は目下この世界にはいない。

おそらく彼はアメリカの発見と同じ確実なやり方で別の次元の生活を、すなわち、われわれが思いえがくことをやめず、あらゆる宗教が約束した――宗教は約束をはたしていないが、あの生活を発見するであろう。われわれの頭脳は現在はひよわいけれども、われわれは知識の深い淵のほとりにいるのを感ずる。すこし押されれば、われわれはそこに沈むであろう。人類をおびやかす暗いつめたい時代には、人類はその救いを、あるいは、すくなくとも執行猶予をこの頭脳肥大にたよるべきではなかろうか。

しかし、大昔、ある世界にこのような人間がいたかもしれない。しかも、一〇倍ではなく、一〇万倍もインテリジェントな人間が。物質のひろがりには際限がないのに、なぜ精神のひろがりには限界があるのだろうか。なぜそれはありえないのであろうか。

もしそれがありうるとすれば、過去にすでにそうであったことは確実である。そして、もしすでにそうであったとすれば、その痕跡がないということが考えられるであろうか。その痕跡が残っていないとすれば、なぜ何かを期待するのか。存在しなかったものや、存在しえなかったであろうものが、なぜ存在するチャンスをもつであろうか。

われわれにとっては地球の目的は死以外の何ものでもないが、われわれより一〇万倍もインテリジェントなこの人間は、この地球の真の目的を知るであろう。しかし、彼は死以外の宇宙の目的を見るであろうか。死以外の目的が存在しうるであろうか。今のところ、死以外の目的には到達していないのである。

このような人間はほとんど神になるところだったであろう。そして、神そのものがその被造物に幸福を与えることができなかったとすれば、それはありえなかったと考えるのが当然である——永遠に堪えることのできる唯一の幸福が、虚無、ないし、このように呼ばれるもの、ようするに無知または完全な無意識そのものでないかぎり。

おそらくこれが、神への帰依という名での、偉大な諸宗教の最終的な大きな秘密である。しかし、あらゆる世界の終りまで現在の意識をたもちつづけることがもっとも冷酷な懲罰である、ということを理解しない人間を絶望におとしいれることをおそれて、いかなる宗教もこの秘密をあきらかにしなかったのである。

VI

話をシロアリにもどそう。かれらはその能力を自分のなかに発見したのではなく、自然によってあたえられたか、あるいは、すくなくとも教えられたのだ、といわないでいただきたい。まず、われわれはそれについて何も知らないのである。つぎに、それは何も変わったことではなく、われわれの場合と同じではないのか。自然の霊がかれらをこの発見にむかわせたとすれば、それはおそらくかれらが自然の霊にたいして、それまでわれわれが閉じていた道を開いたからである。われわれの発明はすべて自然による指示にもとづいている。どれだけが人間の役割りで、どれだけが宇宙に散在するインテリジェンスの役割りであるかを見わけるのは不可能である。

それはすでに『大きな秘密』のなかで述べたことであるが、ここでもう一度指摘しておきたいことは、エルネスト・カップが『テクニックの哲学』のなかで、〈われわれの発明や機械は、すべて有機体の投影、いいかえれば、自然の供給するモデルの無意識の模倣にすぎない〉ということを完全に証明したことである。われわれが使っているポンプは心臓のポンプをまねたものであり、連接棒は関節の再現であり、カメラは目の暗室であり、電信機は神経系統をあらわしている。X線のなかには、物体を透視することができて、たとえば三重の金属箱のなかの封印した手紙の内容を読むあの女千里眼の肉体的特性がみとめられる。無線電信は、ヘルツ波と類似した電波によって、考えていることを直接的に伝えあうテレパシーからヒントをえている。心霊術の空中浮揚や、さわっていないのに物が移動するという現象のなかにはうたがわしいけれども、われわれが利用することのできなかったもう一つ別のヒントが見出される。このヒントにしたがえば、われわれを地球にしばりつけている重力のおそるべき法則を、いつの日にか克服する方策の手がかりがえられるかもしれない。この法則は一般に信じられているように永遠に理解しがたい不可解なものではなく、とりわけ魅力的な、いいかえれば、とりあつかいやすく、利用可能なものであるように思われるのである。

11 章

本能と知能

一つの理性的行為があったのなら、複数の理性的行為があるのは自然だ。

一切か無である。

本能と知能は解決不可能な問題である。この問題の研究に一生をささげたJ・H・ファーブルは昆虫の知能をみとめない。彼は独断とも思われるような実験によって、もっとも器用な、もっとも勤勉な、もっとも用心深い昆虫でも、その習慣をみだされると機械的に行動し、無意味に、愚かに、あてもなくはたらきつづけるものだということを証明した。彼はつぎのように結論している。「本能は指示された不変の道の上にあるものすべてを知っている。この道のそとにあるものは何も知らない。動物がノーマルなコンディションのもとで行動するか、偶然のコンディションのもとで行動するかにしたがって、崇高な知的インスピレーションとなったり、おどろくほど愚昧な無分別となったりするが、いずれも本能にもとづいている。」

たとえば、ラングドック地方のアナバチは非凡な外科医であり、正確な解剖学的知識をもっている。アナバチはブドー畑のバッタの胸部神経節に針をさし、その頸部神経節を圧縮することによって完全にマヒさせるが、決してそれを殺さない。つぎに、その獲物の上にタマゴを生み、獲物を巣のおくに閉じこめ、巣を念入りに閉じる。このタマゴから生まれる幼虫は、生まれるとすぐに、動かない、無害の、つねに新鮮な生きたエサを豊富に見出すことになる。ところで、巣をふさぎはじめる瞬間にバッタをとりあげると、巣が荒らされているあいだそれをじっと見まもっていたアナバチは、危険がすぎるとすぐに巣にかえり、習慣でもあるかのように念入りに巣をしらべるが、バッタとタマゴがもはやそこにないことを確認するにもかかわらず、中断したところから仕事を再開する。すなわち、もはや何も入っていない巣を丹念にふさぎはじめるのである。

ジガバチやカリコドーム・ミツバチが類似の例を示す。とくに、カリコドーム、通称石工ミツバチの例が典型的で、顕著である。カリコドームは巣穴にミツをたくわえ、タマゴを生んだあと、それをふさぐ。ハチの不在中に――もちろん巣作りに専念する時期でなければならないが、巣穴に裂け目をつくると、ハチはすぐにそれを修理する。巣作りがおわり、貯蔵の仕事がはじまると、巣に割れ目がつけられ、そこからミツがすこしずつながれているにもかかわらず、やぶれた巣穴にミツを吐きだしつづける。ミツバチは異常のない状態で一杯になるだけの、ミツをそそぎこんだと推測すると、タマゴを生んで満足し、カラの巣穴を厳粛に綿密に閉じる。

この実験やここに列挙しきれない他の実験から、ファーブルはつぎのような的確な結論をくだした。「あらたな行為が現在の仕事の順序からはみださないかぎり、昆虫は偶発事件に対処することができる」。種類のちがう事件がおきると、昆虫はそれが理解できず、冷静を失う。そして、ひじょうに精巧な機械のように、不条理のなかで宿命的盲目的な愚かな行動をしつづけ、一連の規定された行動の極限まで行き、そこから引きかえすことができないのである。

このような行為が見られることは異論の余地がない。そして、われわれ自身の体内や、われわれの無意識的、有機的生命のなかでおこることを、これらの行為がかなり興味深い形で再現しているのだということを指摘しておこう。われわれのなかにも、知能と本能とが交互にいりまじっている同じ例が見出される。近代医学は内分泌、毒素、抗体、過敏症などに関して、その事例を多数提供してくれるだろう。しかし、このような知識のなかったわれわれの先祖がもっと単純に〈熱〉と呼んでいたものが、その一つで、これらの大部分の事例を要約している。現在では子供でさえも知っているように、発熱は無数の巧妙、複雑な協力から成る、われわれの有機体の反応と防衛にほかならない。われわれが有機体の乱行を食いとめ、制御する方法を見出す前に、熱が病気でなくて患者を確実に打ちまかしてしまうのが普通であった。もっとも残酷で、もっともなおりにくい病気、すなわち、無秩序な細胞増殖をともなうガンは、われわれの生命の防衛を引きうけている要素が、時宜を失した盲目的熱心さを表明したものにほかならないであろう。

アナバチとカリコドーム・ミツバチに話をもどそう。まず注意したいのは、かれらが孤独な昆虫であり、ようするにその生活がかなり単純で、直線的にすすみ、普通、この生活を中断し、破壊するものは何もないということである。その生活が無数の仲間の生活とからみあっている社会的昆虫の場合は、事情がちがってくる。一歩すすむたびに予期しないことがおこる。まげることのできないしきたりが、解決不可能な、不幸な紛争を絶えず引きおこす。それゆえそこでは、一瞬毎に変わる状況への順応、ないし、絶えざる適応が不可欠である。そして、われわれの場合と同じように、本能と知能とをわけるあいまいな境界線を見出すことがすぐにひじょうにむずかしくなる。二つの能力がたぶん同じ起源をもち、同じ源から発し、同じ性質であるがゆえにいっそう困難である。唯一の差違は、一方がときおり停止し、自省し、自覚をもち、自分のいる地点を理解することができるのにたいして、もう一方はまっすぐ、盲目的に前進するということである。

II

これらの問題はまだひじょうに漠然としており、もっとも厳密な研究でさえもしばしば相矛盾する。したがって、一方で、われわれは長年の慣習からおどろくほど解放されたミツバチに出合う。たとえば、かれらは機械で押型をつけた蜜蠟棚を人間からあたえられると、その利用法をすぐに理解する。蜜房を簡略にしつらえたこの棚が、かれらの作業法を根底からくつがえす。ふつう数週間のあいだ汗水たらしてはたらき、多量のミツを消費しなければつくりあげられなかったものが、わずか数日でつくりあげられる。さらにつぎのような事例もある。オーストラリアやカリフォルニアに送られたミツバチは、その地方がいつも夏で、いつも花があるということを知り、二、三年たつとその日ぐらしの生活になり、一日の消費に必要なミツと花粉しかあつめなくなる。かれらのあたらしい合理的な経験の方が先祖伝来の経験よりもまさっており、もはやかれらは冬にそなえて食糧の貯蔵をおこなわない。また、バルバドス島では、製糖所にサトウが年中豊富にあるので、ミツバチは花をおとずれることを完全にやめる。

他方、アリの仕事を観察すると、われわれはかれらの共同作業の愚かしい不一致に注目せざるをえない。了解しあっていれば二匹で簡単に巣まで運べる一つの獲物を、一ダースのアリがたがいに逆方向に引っ張る。アリ学者V・コルネッツとデュセリエの観察によれば、刈リイレ・アリは不一致と愚かさに関するいっそう明白で、適切な例を示している。たとえば、数匹のハタラキ・アリがムギの穂の上で、ムギの粒をつつむ穎《エイ》の根もとを切ろうとしているとき、一匹の大きなハタラキ・アリが穂のすこし下の、茎そのものを切断しようとする。しかも、このハタラキ・アリは、手間のかかる、つらい、まったくむだな仕事を自分がしていることを知らないのである。

この刈リイレ・アリは必要以上にかれらの巣に穀物をたくわえる。雨季に入ると、この穀物が芽をだす。農民は突然芽をふきだしたムギによってアリの巣のありかを知り、急いで巣をこわす。何世紀も前から同じ宿命的な現象がくりかえされているのであるが、経験は刈リイレ・アリの習慣を変えず、かれらに何もおしえていないのである。

北アフリカの別のアリ、ミルメコシストス・カタグリフィス・ビコロルは足がひじょうに長い。足のみじかいほかのアリが日なたで死滅するのにたいし、かれらは足が長いために、日なたにでて四〇度をこえる焼けつく地面にいどむことができる。かれらは分速一二メートルという気ちがいじみたスピードですすむ——何ごとも相対的である。かれらの目は五、六センチメートル先しか見えないので、つむじ風のように走るかれらには何も見えない。かれらは好物のサトウの上を通るにもかかわらずそれに気づかず、長時間の気ちがいじみた遠出から何ももたないで巣にかえってくる。何百万年来、何百万匹のこの種のアリは、毎夏、英雄的かつ滑稽な同じ探険をくりかえし、しかも、それがむだであることを理解しないのである。

アリは、ミツバチよりも知能が低いのであろうか。われわれの知識ではそれは断言できない。われわれはミツバチの単なる条件反射を理性のせいにしている。そして、アリのことはよくわからない。われわれの解釈はすべてわれわれのイマジネーションの幻影にすぎないのであろうか。われわれの想像以上にしばしばまちがいをおかすのは〈世界霊魂〉なのであろうか。自然のもっとも腹立たしい謎の一つは、そこに見られる明白な誤りと、非理性的行為とであることを私はよく知っている。そのためにひとびとは、自然には天才はあるが良識はなく、自然はかならずしも知的でないと信ずるにいたる。しかし、われわれはいかなる権利があって自然の行為が理性に反しているというのか。それは自然のなかの一つのカビにすぎないわれわれの小さな頭脳による判断にすぎない。自然の合理性はたぶんわれわれはいつかそれを発見するであろう、おそらくわれわれのかよわい理性をおしつぶすであろう。われわれはわれわれの論理を理性の権威の上にたて、すべてをその高処《タカミ》から判断する。まるで、われわれ以外の論理はありえず、また、われわれの唯一のガイドであるその論理に反するものは何ものも存在しえないのが当然であると考えているようにみえる。しかし、このような判断はまったく不正確である。無限の広大な空間のなかでは、それはたぶんまちがった見方でしかないであろう。なるほど自然は何度も誤りをおかすであろうが、それを公言する前にわすれてならないことは、われわれはまだ無知と深い闇のなかに生きているのであり、別の世界においてでなければ、この闇の概略もつかみえないであろうということである。

III

シロアリに話題をもどすにあたってつけくわえておきたいことは、アリの観察はミツバチのそれよりもむずかしいということ、そして、すべてが闇に捧げられているシロアリ社会の観察はさらにいっそう困難であるということである。しかし、今とりあげている問題は見かけよりも重要である。昆虫の本能、その限界、知能と本能との関係、〈世界霊魂〉などについてもっとよく知るならば、たぶんわれわれは、生死に関するほとんどすべての秘密が隠されているわれわれの器官の本能を知るにいたるであろう――昆虫も人間も本能は同じなのだから。

ここでわたしは本能に関する仮説を一つ一つ検討するつもりはない。もっとも博識な学者でさえ、詳細に検討するとまったく何の意味もないテクニカル・タームを用いて切りぬけているにすぎない。ある学者によれば、本能とは、「無意識の衝動、本能的反射的運動であり」、「長期間の適応の結果生じ、脳細胞に植えつけられ、一種の記憶のように神経物質のなかに刻みこまれた先天的精神的傾向」にほかならず、「本能と名づけられたこの傾向は、一般的な生命力のように、遺伝の法則にしたがって世代から世代へと伝達されるものである」。もっとも明晰かつ合理的な学者は、本能とは「遺伝的習慣、自動化された理性のはたらき」であると断言する。ドイツ人リヒャルト・ゼーモンのように「無意志的記憶をもふくむ個人の有機的記憶の心象」によってすべてを説明する学者もある。

かれらのほとんどすべてが、大部分の本能の根元には一つの理性的意識的行為があることをいたしかたなくみとめながら、なぜ執拗に、この最初の理性的行為につづくすべてのものをオートマチックな行為であると主張するのであろうか。一つの理性的行為があったのであれば、複数の理性的行為があるのはきわめて自然である。一切か無である。

わたしはまたベルクソンの仮説に目をむけるつもりもない。彼によれば、本能は生命による自然の有機的組織化の仕事を続行するのみである。これは明白な真実かトートロジー（同語反復）である。生命と自然とはようするに同じ未知なものの二つの呼び名だからである。しかし、このあまりに明白な真実が、『記憶と物質』や『創造的進化』の作者の論述のなかではしばしば快適なものである。

しかし、とりわけアリやミツバチやシロアリなどの昆虫の本能を、さしあたり、集団的な霊魂、一種の不死不滅なもの、集団的に無限なものにむすびつけることはできないであろうか。ミツバチやアリやシロアリの巣のポピュレーション(居住民)は、先に述べたように、単一の個人、ただ一つの生きものであるように思われる。無数の細胞から構成されるこの単一の生きものの器官は、表面的には分散しているが、実際には、同じエネルギーないし生体、あるいは同一の中央の法則につねに従属している。一部のシロアリが何百匹、何千匹と死んでも、この集団的な不死不滅の力によって、すぐに他のシロアリがあとをつぎ、単一の存在はいかなる影響も変化もうけない。われわれの体において、数千の細胞が死滅してもすぐに他の細胞が代わり、われわれの生命が打撃や変化をうけないのと同じである。不老不死の人間のように、数百万年来、つねに同じシロアリが生きつづけている。その結果、このシロアリのすべての経験が保存されている。その生存に中断がなく、決して記憶の消滅や分散がないからである。そして、単一の記憶が存続して絶えずはたらき、集団的霊魂のあらゆる獲得物を中央にあつめつづけたからである。このことから、なにゆえ、女王ミツバチは何千年来タマゴを生むのみで、花をおとずれたり、花粉をあつめたり、花蜜を吸ったりしたことがないにもかかわらず、彼女から生まれたメス・ハタラキ・ミツバチは母親が知らなかったことをすべて、巣穴からでるときにはすでに知っているのかという理由が理解できるであろう。ハタラキ・ミツバチたちは最初の飛行のときにすでに、方位の測定、ミツの収穫、幼虫の飼育、巣の複雑な化学に関するあらゆる秘密を知っているのである。彼女たちはすべてを知っている。なぜなら、彼女たちがその一部を形づくり、その一細胞にすぎない有機体そのものが、自己維持のために必要なことをすべて知っているからである。彼女たちは自由に空間に分散しているようにみえる。しかし、どんなに遠くへいこうとも、彼女たちは中央組織に結びつけられており、この組織に協力することをやめない。彼女たちはわれわれの体の細胞のように、同じ生命の液体のなかにひたっている。彼女たちにとって、この生命の流体は、われわれの肉体の生命流体よりもはるかに伸びやかで、柔軟で、微妙で、精神的ないしエーテル的である。そして、おそらくこの中央組織はミツバチ独自の普遍的霊魂と、いわゆる一般に普遍的霊魂と呼ばれるものとにむすびついているであろう。

われわれがかつては今日以上にこの普遍的霊魂にむすびつき、いまもなお、潜在意識がこれとコミュニケーションをもっていることはほぼ確実である。われわれは知能によってこの普遍的霊魂から引きはなされた。そして、日毎にいっそう引きはなされている。われわれの進歩とは孤立なのであろうか。それはわれわれに特有な誤りではなかろうか。人間の頭脳の肥大をのぞましいとする主張にたいして、当然このように反論できる。しかし、この問題には確実なことは何もなく、必然的にいくつかの仮説が拮抗する。そして、悲しむべき誤りが極致にいたって実り多い真理に変貌することがあるように、長いあいだ真理と見なされていたものが混乱をきたし、その仮面をかなぐりすて、誤りや虚偽にすぎないことが判明するものである。

V

シロアリはわれわれに模範的社会組織や未来図や〈サイエンス・フィクション〉を提供しているのであろうか。われわれも類似の目的にむかってすすんでいるのであろうか。それはありえない、人類は決してそのようにならないであろうといわないようにしよう。思ったよりもはるかに容易に、かつ、はやく、想像さえしなかったものに到達するものである。何世代もつづいたモラルや運命を完全に変えるのに、しばしば、きわめてわずかなことで十分である。宗教改革は些細なことが原因ではなかったか。われわれはもっと高度な生活、すなわち、美、安楽、余暇、平和、幸福にみちたもっと知的な生活を垣間見、かつ、希望している。かつて二、三度、アテネかインドにおいて、あるいは西暦紀元後のある時期に、われわれはすくなくともそれに到達はしなかったが、接近した。しかし、人類が現実に、宿命的にこの方向にすすむかどうかは疑問である。人類がこれと対角線的に反対の方向にすすむであろうと予測するのもまた理にかなったことである。もしある神がわれわれの将来について他の永遠の神々と賭けをするとすれば、もっとも洞察力のある神々は何を賭けるであろうか。「理屈では、われわれは二つのうちのどちらも弁護できない」とパスカルはいうであろう。もちろん、物質に属するものはすべて、本質的にかりそめで、変わりやすく、消えてしまうがゆえに、われわれが完全な安定した幸福を見出すのは、墓のむこうがわにしろこちらがわにしろ、もっぱら精神的生活においてである。このような精神的生活が可能であろうか。理論的には可能であるが、実際には、いたるところでわれわれの目に入り、われわれが知覚するのは物質のみである。われわれの頭脳それ自身が物質にすぎないのに、物質以外のものを理解することがどうして期待できようか。頭脳はいろいろと試み、努力する。しかし、結局、物質をはなれると、むなしくうごきまわるのみである。

人間の境遇は悲劇的である。彼の主要な、おそらく唯一の敵は物質である。あらゆる宗教がそれを感じ、この点では意見が一致している。悪や罪の名で問題になるのはつねに物質である。他方、人間のうちにあるものすべてが物質である。物質を軽蔑し、非難し、ぜひともそれから逃れたいと思うものが何よりもまず物質である。人間の内部ばかりでなく、すべてのものの内部が物質である。エネルギーや生命は、おそらく物質の一形態、一運動にすぎないのだから。しかも、ひじょうにどっしりした塊としてわれわれの眼前にある物質、そして、きわめて矛盾したことであるが、永久に生気がなく、不動で、死んだようにみえる物質そのものが、われわれの思考よりもはるかに精神的なものによって活気づけられている。なぜなら、物質は、中央の核のまわりを事物の起源以来気まぐれな遊星のように旋回している、そのエレクトロンのおそるべき、目のくらむような、根気づよい不滅の生命を、もっとも不可思議な、はかりしれない、つかみがたい、流動的、電気的、エーテル的な力に負うているからである。

しかし、結局のところ、どの方角にむかおうと、われわれはどこかに着き、何かに到達するだろう。そして、この何かとは虚無以外のものであろう。われわれの頭をなやませる不可解中の不可解といえば、まさに虚無ということだからである。なるほどわれわれにとって、実際的には虚無とは、アイデンティティーの喪失、あるいは、自我の小さな記憶の喪失である。いいかえれば、虚無とは無意識である。しかし、それはようするに偏狭な視点にほかならず、われわれはそれをのりこえなければならない。

つぎの二つのうちのいずれかである。われわれの自我はひじょうに大きくなり、また、ひじょうに普遍的になり、その結果、かつてこの地球上でとるにたりない小さな動物であった時代の記憶を完全に失うか無視するだろう。そうでなければ、自我は小さいままにとどまり、永遠にあのみじめなイメージを引きずっていくだろう。そして、キリスト教徒の地獄のいかなる責め苦も、このような不運に匹敵しえないであろう。

われわれは意識的にしろ無意識的にしろ、どこかに着き、そこで何かを見出して、われわれの種がほろびるまでそれに甘んずるであろう。それから、別の種が別のサイクルをはじめるであろう。こうして無限につづくだろう。われわれの本質的な神話はプロメテウスでなくて、シーシュポスないしダナイッドであることをわすれてはならない。とにかく、確信のないかぎり、つぎのように考えよう——この世界の霊魂の理想は、われわれの周囲に見えるすべてのもの、すべての現実に無縁な理想、われわれがおそるべき沈黙、カオス、野蛮から、ひじょうにゆっくり、かつ、苦労して引きだしてきた理想にまったく合致しないのである、と。

それゆえ、いかなる改良をも期待しないことがのぞましい。そして、何か漠然とした本能や遺伝的オプチミズムがわれわれに約束することはすべて、死と同じように確実で、不可避であるという考えのもとに行動することがのぞましい。ようするにいずれの仮説も同じように本当らしく、かつ、証明しがたい。われわれは精神世界が存在すると推定するのであるが、われわれが肉体のなかに存在するかぎり、われわれはこの精神的世界からほぼ完全に排除され、それと交渉をもつことはできない。うたがわしいとすれば、なぜもっと勇気づける仮説をえらばないのか。なるほど、もっとも勇気をくじく仮説とは、何ものをも期待しないという仮説ではないかと思われる。たぶん、あまりに確実な希望をもつと、われわれはすぐにその希望を小さいと思い、また嫌悪し、ついには本当に絶望するにいたるからである。それはともかくとして、エピクテートスがいうように、「事物本然の理を変えようと考えてはならない。それは可能なことでもないし、また有益なことでもない。事物をあるがままにうけいれ、われわれの心をそれに合わせるすべを学ぼうではないか」。ニコポリスの哲学者の死以来二〇〇〇年近くの年月が流れたが、われわれはこの結論以上に楽しい結論をまだ聞いていないのである。

文献／メーテルリンク年譜

BIBLIOGRAPHIE（参考書目）

☆──以下にあげる文献は原著から直接引用したものです。

H. Smeathmann : *Mémoires pour servir á l'histoire de quelques insectes connus sous le nom de Termites* (Trad. par Rigaud La Rochelle), 1786.

H. Smeathmann : *Termites* (Philo., Tran., 1781).

H. Hagen : *Monographie der Termiten* (Lin., Entomolo., Stettin., Vol. X, 1855).

B. Grassi et A. Sandias : *The constitution and development of termites, etc.* (Quaterly Journal of Microscopic science, vol. XXXIX et XL, London).

G. D. Haviland : *Observations on térmites* (J. Lin. Soc. Zool., 1898, XXVI).

Ch. Lespes : *Mémoire sur le termite Lucifuge* (An. des sciences nat., t. V).

Filippo Silvestri : *Nota preliminari. S. Termitidi e Termitofili sud-americani* (Bol. Zool., éd. Anat. comp., n⁰ 419, vol. XVII, 1902).

Y. Sjöstedt : *Monographie der Termiten Africas* (K. Svenska vet. Handl., 1900. XXXIV).

W. W. Froggatt : *Australian Termitidæ* (Proc. Linn. soc. N. Wales, 1895, 96-97).

W. Savile-Kent : *The Naturalist in Australia* (London, t. IV, 1897).

Fritz-Muller : *Contrib, towards the nat. hist. of the termites* (An. Mag. Nat. hist., vol. XIII, 1874).

Fritz Muller : *Beiträge zur Kenntniss der Termiten* (Jenaische Zeit. nat., 1873, 75-87).

Fritz Muller : *Recent researches on Termites and Honey Bees* (Nat. Febr., 19, B. 9, 1874).

E. Wasmann : *Einige neue Termiten aus Ceyland, Madagascar* (Ent. Zeit., XII, Wien, 1893).

E. Wasmann : *Die Ameisen und Termiten Gäsle von Bräsilien* (Verh. d. Zool. Bot. Gcsel., Wien, 1896).

E. Wasmann : *Neue Termitophilen und Termiten, aus India* (Ann. Mus. Genova, XXXVI, 1896).

G. R. Osten-Sacken : *Obser. on Termites found in California* (Proc. Boston. Soc. XIX, 1877).

P. H. Dudley et J. Beaumont : *Observations on the Termites or White Ants of the Isthmus of Panama* (Trans. New-York, acad. of science, vol. VII, 1887).

Hg. Hubbard : *Notes on the tree nests of termites in Jamaica* (Proc. Post. Soc. XIX, 1878).

Maynard : *Notes on the White Ants in the Bahamas* (Psyche, V, 1888).

Dr Packard : *Notes on the external anatomy* (Third Report, U. S. Entom. Comm., 1883).

H. Mc. E. Knower : *The development of the Termites* (John's Hopkins University Circulars, vol. XII, n° 126, 1883).

J. D. E. Schmelz : *Ueber Termiten und Termitenbauten* (Verh. V. F. Nat., Unterhaltung Hamburg, II, 1875).

Ch. Darwin : *Recent researches on Termites and stingless honey bees* (Amer. Nat., VIII, 1874).

T. J. Savage : *Annals and Magazine of Natural History* (1850).

A. de Quatrefages : *Souvenirs d'un Naturaliste* (Rev. des Deux-Mondes 1853).

T. Petch : *1906. The fungi of certain termite nests.* (Ann. Roy. Botan. Garden Peradenya, 3 : 185-270).

J. Petch : *Insects and Fungi* (Scien. and Frogress, oct 1907).

E. Hegh : *Les Termites* (Bruxelles 1922).

H. W. Bates : *Naturalist on the River Amazon* (London, 1863, and Proc. Linn. soc., vol., II, 1854).

H. G. Forbes : *A naturalist's Wanderings in the eastern Archipelago.*

David Livingstone : *Missionary travels and Researches in South Africa* (1857).

E. Bugnion : *La guerre des fourmis et des termites, etc.* (Genève, Librairie Kundig. 1923).

E. Bugnion : *Observations sur les termites. Différenciation des castes.* (Comp. rend. Soc. Biol., Paris, 1, 1091-94).

E. Bugnion : *La différenciation des castes chez les termites* (Bull. Soc. Entom., France, 213-18).

Dr Imms : *On the structure and Biology of Archotermopsis.*

Kurt von Rosen : *Die fossilen Termiten.* (Transact. 2e eutom. Congress., 1912).

L. R. Cleveland : *Symbiosis among animals with special Reference to Termites and their intestinal Flagellattes.* (Quat. rev. of Biol., vol. I, n⁰ l, janvier 1926).

L. R. Cleveland, 1923 : *Correlation between the food and Morphology of termites and the presence of intestinal protozoa* (Amer. Journ. Hyg., 3, 444-461).

L. R. Cleveland, 1924 : *The physiological and symbiotic relationships between the intestinal protozoa of termites and their host, with special reference to Reticulitermes flavipes Kollar* (Biol. Bull., 46, 177-225).

L. R. Cleveland, 1925 a. : *The ability of termites to live perhaps iudefinitely on a diet of pure cellulose* (Biol. Bull., 48, 289-293).

L. R. Cleveland, 1925 b. : *The effects of oxygenation and starvation on the symbiosis between the termite, Termopsis, and its intestinal flagellates* (Biol. Bull., 48, 309-327).

L . R. Cleveland, 1925 c : *The toxicity of oxygen for protozoa in vivo and vitro : animals defaunated without injury* (Biol. Bull., 48, 455-468).

L. R. Cleveland : *The Method by which Trichonympha Campanula, a protozoon in the intestine of Termites, ingest solid particles of wood for food* (Biol. Bull. vol., n⁰ XLVIII, avril 1925).

Ant. De Bary, 1879 : *Die Erscheinung der Symbiose.*

F. Doflein, 1906 : *Die Pilzkulturen der Termiten* (Verhandl. d. Deutsch. Zool. Ges., 15, 140-149).

C. Fuller, 1920 : *Annals Natal Museum, 4, 235-295.*

C. Fuller, 1921 : *The fungus food of certain termites. S. Afr.* (Journ. Nat. Hist., 3, 139-144).

H. Prell : *Biologische Beobachtungen an Termiten und Ameisen* (Zool. Anz. Marburg. B. 38, n° 9 et 10 Sept. 1911).

N. Holmgren : *Studien über sudamerikanische termiten* (Zool. Jarhrb. Abt. System XXIII 1906).

N. Holmgren : *Termitenstudien* (Upsala et Stockholm. 1909-1912).

J. Desneux : *Termites du Sahara* (Alger. Ann. Soc. entom. belge, XLVI, 1902).

K. Escherich : *Eine Ferienreise nach Erythrea* (Leipzig 1908).

K. Escherich : *Aus dem Leben der Termiten oder weissen Ameisen.* (Leipzig III. Zeit V. 24. 1908).

K . Escherich : *Die Termiten oder weissen Ameisen. Eine biologische Studie* (Werna-Klinkhardt Leipzig 1909).

K. Escherich : *Termiten auf Ceylan, etc.* (Fischer Iéna 1911).

Dr J. Bequaert : *Termites du Katanga.*

メーテルリンク回想年譜

メーテルリンク回想年譜	●政治・社会　★文学　☆文学以外の出版 ◎科学
1862――八月二九日、モーリス・ポリドール・マリ・ベルナール・メーテルリンク（フランス風に発音するとメッテルランク）、ベルギーのガンに生まれる。父親ポリドール・ジャック・マリ・ベルナールは「園芸狂の年金生活者」であった。母親マチルド・コレット・フランソワーズ・デン・ボッシュはかなり裕福なガンの訴訟代理人の娘であった。	★ユゴー『レ・ミゼラブル』 ★フロベール『サランボー』 ★ツルゲーネフ『父と子』
1863――	●リンカーン奴隷解放宣言 ★リトレ『フランス語辞典』
1864――	●第一インターナショナル、ロンドンに結成される ◎マクスウェル＝電磁場の基礎方程式 ◎ハーシェル＝星雲、星団の総目録
1865――	★トルストイ『戦争と平和』（～1869） ◎メンデル＝遺伝の法則を発見 ☆ベルナール『実験医学研究序説』

1866——

★ドストエフスキー『罪と罰』

1867——ヌーボー・ボワ（あたらしい森）幼稚園に入る。

●パリ万国博

☆マルクス『資本論』（〜1894）

1868——

●明治維新

★ドストエフスキー『白痴』

1869——中央学院（カラミュス学院）入学。ポマ先生のおかげで、いくらか文学的卓越性を獲得する。

●スエズ運河開通

★フロベール『感情教育』

★ベルレーヌ『艶なる宴』

★ボードレール『巴里の憂鬱』

1870——

●普仏戦争（〜1871）

★ベルヌ『海底二万海里』

1871——

●パリ・コミューン

★ゾラ『ルーゴン家の運命』（『ルーゴン・マッカール』双書第一巻）

1872——

★ドーデ『アルルの女』（三幕）

1873		★ランボー『地獄の一季節』 ★ベルヌ『八〇日間世界一周』
1874	ジェズユイット派のサント・バルブ中学入学。同級生にグレゴワール・ロワ(1862—1941)とシャルル・ファン・レルベルジュ(1861—1907)がいる。前者は後にサンボリスムの詩人となる。『貧しきひとの歌』(1907)、『影のなかの道』(1920)などの作品がある。その詩はメランコリと悔恨とを基調にしたリリシズムにあふれている。後者も後にサンボリスムの詩人となる。最初の詩集『予感』(1897)において、「天使、処女、花咲く庭などの光りかがやく、おぼろなビジョンの喚起」にすぐれた手腕をしめす。『イブの歌』(1904)はベルギー・サンボリスムの最高峰の一つである。	●ロシアでナロードニキの運動が盛んになる ●第一回万国郵便会議 ●スタンリー＝アフリカ横断 ●第一回印象派展覧会 ★ベルレーヌ『言葉なき恋歌』 ★フロベール『聖アントワーヌの誘惑』
1875		★トルストイ『アンナ・カレーニナ』(〜1878)
1876	「早熟であるが子供っぽい傑作」を書く。最初の詩も書くが、断片的にしか残っていない。	★マラルメ『半獣神の午後』(マネのさし絵入り) ★ユイスマンス『マルト』
1877		★ゾラ『居酒屋』

1878――

●パリ万国博

1879――

★イプセン『人形の家』
★ドストエフスキー『カラマゾフの兄弟』

1880――

★モーパッサン『脂肪の塊』
★ゾラ『ナナ』
◎ハンセン＝レプラ菌を発見

1881――ガン大学入学。

●フランス、チュニジアを占領
★モーパッサン『メゾン・テリエ』
◎パスツール＝狂犬病予防法を発見

1882――

★ベック『烏の群』
★スティーブンソン『宝島』
☆テーヌ『芸術哲学』
◎コッホ＝結核菌の発見

1883――『若きベルギー』にマテルの名で《燈心草のなかで》（第一、四、七行がおなじ詩句の八行詩、トリオレ）を発表。

★モーパッサン『女の一生』
★ビリエ・ド・リラダン『残酷物語』
☆ニーチェ『ツァラトストラはかく語りき』（～1891）

1884——

★ユイスマンス『さかしま』

1885——優秀な成績で法学部を卒業する。ル・ロワといっしょにパリに行く。若いフランスの作家に出あい、雑誌の創刊を考える。年末にベルギーにかえり、リュイスブロックを発見する。詩を書く。

★ゾラ『ジェルミナール』
★H・ベック『パリジェンヌ』

1886——ふたたびパリに出かけ、数ケ月滞在。

ジャン・アジャルベール（詩人、1863—1947）、カミーユ・ブロック（歴史家、1865—1949）など数人で『ラ・プレイヤード（七詩聖）』*La Pléiade* を創刊。その第三号に散文で《罪なきひとびとの虐殺》*Le massacre des innocents* を書く。これは画家ブリューゲルの絵からヒントをえて書かれたものであるが、このように絵画を〈文学的に置きかえること〉は当時の流行であった。署名は *Maurice* ではなくてフラマン風のスペル *Mooris* となっている。

第四号に詩を発表。《反映》《疲れた野獣》《心の葉》《倦怠の温室》《思い出》《ビジョン》などがある。

一八九五年頃まではガンで弁護士をつづけるが、法廷にたつことはほとんどなく、もっぱら文学に専念する。ビリエ・ド・リラダンを知り、大きな影響をうける。

●オカルティズム流行
★スティーブンソン『ジキル博士とハイド氏』
★ビリエ・ド・リラダン『未来のイブ』
★ロチ『氷島の漁夫』
☆マッハ『感覚の分析』

1887——『若いベルギー』(第五巻・第五号)に詩《夜の祈り》を発表。つづいて《ひそやかな奉納》(第九号)、《目の死》(第一一号)を発表する。

●仏領インドシナ連邦成立
●ブーランジェ将軍事件
★ビリエ・ド・リラダン『トリビュラ・ボノメ』
★アントワーヌ《自由劇場》創立

1888——《祈り》《熱い魂》《意図》(『若いベルギー』第七巻・第三—四号)

★ミルボー『ジュール司祭』
★モーパッサン『水の上』
◎ヘルツ＝電磁波の実験的証明

1889——《アーメン》(『若いベルギー』第八巻・第三号)《夢占い》(『ラ・ルビュ・ジェネラル(総合雑誌)』一—六月号)
詩集『温室』*Serres chaudes* をジョルジュ・ミンヌのさしえ入りでパリのレオン・バニエ社から一五五部出版。『マレーヌ姫』(五幕劇) *La Princesse Maleine* をジョルジュ・ミンヌの装丁でガンのファン・メル社から三〇部出版。非売品であった。《賛嘆すべきひと、リュイスブロック》 *Ruysbroeck l'Admirable* を『ラ・ルビュ・ジェネラル』に発表。

●パリ万国博、エッフェル塔建設
●第二インターナショナル
★ブルジェ『弟子』
★M・バレス『自由な人間』
★ベラーレン『黒いたいまつ』
☆ベルクソン『意識の直接所与に関する試論』

1890——『闖入者』*L'intruse*『群盲』*Les aveugles* をブリュッセルのラコンブレ社から一五〇部出版。

オクターブ・ミルボーが『ル・フィガロ』紙(八月二〇日)で激賞。

「現代でもっとも天才的な、もっとも非凡な、もっともナイーブな作品であり、シェイクスピアのもっとも美しい作品に比すべき——いや、美しさにおいてそれにまさる作品を、メーテルリンクはわれわれに与えてくれた。その作品は『マレーヌ姫』と呼ばれる」

●第一回メーデー
★ミルボー『セバスチャン・ロッシュ』
★ゾラ『獣人』
☆ルナン『科学の未来』
☆フレーザー『金枝篇』

1891——『七人のプリンセス』(一幕劇)*Les sept princesses* をランブレ社から、『賛嘆すべき人、リュイスブロックの霊的結婚の装飾』*L'ornement des noces spirituelles de Ruysbroeck* をフラマン語から翻訳、序文を付してラコンブレ社から出版。『闖入者』が五月に芸術座で上演され、一二月にも『群盲』とともに再演される。劇文学トリエンナーレ賞(三年に一度の)をことわる。

★ユイスマンス『彼方』
★ジード『アンドレ・ワルテルの手記』
★ゴンクール『歌麿』
★ハーディ『テス』
☆エンゲルス『空想より科学へ』

1892——『ペレアスとメリザンド』*Pelléas et Mélisande* をラコンブレス社から出版。

●パナマ事件
◎イワノフスキー=ビールスを発見
◎メチニコフ=白血球の食菌現象を発見

1893――『ペレアスとメリザンド』が五月にリュニェ・ポーの演出でブッフ・パリジァン座(喜歌劇座)で上演される。

★ゾラ『ルーゴン・マッカール』双書二〇巻完結
★コナン・ドイル『シャーロック・ホームズの回想』
★ワイルド『サロメ』
★チェーホフ『サハリン島』

1894――三つの小人形劇『アラジンとパロミード』*Aladine et Palomides*、『部屋のなか』*Intérieur*、『タンタジールの死』*La mort de Tintagiles* をジョルジュ・ミンヌのさしえ入りでブリュッセルのドマン社から出版する。

●ドレフュス裁判
★ルナール『にんじん』
★ハーン『知られぬ日本の面影』
◎ヘルツ＝ヘルツの力学体系

1895――恋人ジョルジェット・ルブランを知る。五月には『部屋のなか』が制作座で上演される。

『アンナベラ』*Annabella* をオランドルフ社から出版。この作品はイギリスの劇作家ジョン・フォード(1586―1639)の戯曲『かわいそうに彼女は娼婦だ』を翻訳・脚色したものである。シモーヌ・ド・ボーボワールは、この作品が一九三三年末に続演されていたことを『女ざかり』のなかで書いている。

『ノヴァーリスの《ザイスの弟子》と《断章》』*Les disciples á Saïs et les fragments de Novalis* をドイツ語から訳し、序文を付してランゴレ社から発表。

イギリス旅行へ。

★バレリー『レオナルド・ダ・ビンチの方法序説』
★ジード『パリュード』
★ユイスマンス『出発』
◎レントゲン＝X線を発見
◎マルコーニ＝無線通信装置を設計

1896——『貧者の宝』*Le trésor des humbles*（最初のエッセイ）をメルキュール・ド・フランスから出版。『一二のシャンソン』*Album de douze chansons* をドレドのさしえ入りでストック社から発表。『アグラベーヌとセリゼット』*Aglavaine et Selysette* をメルキュール・ド・フランス社から出版。イタリア旅行をする。

●シオニズム運動おこる
●ゴンクール・アカデミー創立
★バレリー『テスト氏との一夜』
★ルナール『博物誌』
☆ベルクソン『物質と記憶』

1897——パリに移住する。

★ジード『地の糧』

1898——『知恵と運命』*La sagesse et la destinée* をファスケル社から出版。スペイン旅行をする。

●米西戦争
●ファショダ事件
★ユイスマンス『大聖堂』
★ゾラ《告発（われ弾劾す）》
◎キュリー夫妻＝ラジューム発見

1899——『アリアーヌと青ひげ』*Ariane et Barbe Bleue* がフリードリッヒ・フォン・オッペルン・ブロニコフスキーのドイツ語訳で『ビーネル・ルントシャウ』誌に掲載される。

●ボーア戦争
●義和団事件
◎ヘッケル『宇宙の謎』

1900——

★ミルボー『小間使の日記』
☆フロイト『夢判断』
◎プランク＝プランクの輻射法則、量子論の基礎（プランク常数hの導入）

1901——『修道女ベアトリス』*Saui Béatrice* がドイツ語訳でベルリンのインゼル・フェルラーク社から出版される。『蜜蜂の生活』*La vie des abeilles* をファスケル社から出版。

★マン『ブッデンブローク一家』
★ストリンドベリ『死の舞踏』

1902——『沈める殿堂』*Le temple enseveli* をファスケル社から出版。ドビュッシーの作曲で『ペレアスとメリザンド』がオペラ・コミック座で上演される。『モンナ・バンナ』（三幕）*Monna Vanna* がファスケル社から出版されるとともに、制作座で上演される。

★ジード『背徳者』
★ゴーリキー『どん底』
☆ポアンカレ『科学と仮説』
☆ゾンバルト『近代資本主義』（～1928）

1903——『ジョワゼル』（三幕）*Joyselle* がジムナーズ座で上演されるとともに、ファスケル社から出版される。ドイツ語訳もすぐにあらわれる。『聖アントワーヌの奇蹟』*Le miracle de Saint Antoine* がジュネーブとブリュッセルで上演される。

★マン『トニオ・クレーゲル』
★ミルボー『仕事は仕事』
◎ライト兄弟＝飛行機を発明

1904――『聖アントワーヌの奇蹟』のドイツ語訳がライプチッヒで出版される。『二重の庭』（エッセイ）Le double jardin をファスケル社から出版。英語とオランダ語にも訳される。
ジャン・ヌゲスの作曲で『タンタジールの死』がマチュラン座で上演される。

●日露戦争
●仏領西アフリカ成立
★チェーホフ『桜の園』
★ロラン『ジャン・クリストフ』（～1912）

1905――

●戦艦ポチョムキンの反乱
●第一次モロッコ事件
◎アインシュタイン＝特殊相対性理論

1906――

●ドレフュスの無罪確定

1907――恋人であり、女優であるジョルジェット・ルブランとセーヌ・アンフェリユール県サン・バンドリーユ修道院に住む。
『アリアーヌと青ひげ』(1899)がポール・デュカスの作曲によりオペラ・コミック座で上演される。『花の知恵』（エッセイ）*L'intelligence des fleurs* がファスケル社から出版される。

★ゴーリキー『母』
☆ベルクソン『創造的進化』
☆ジェームズ『プラグマチズム』

1908――『モンナ・バンナ』がアンリ・フェブリエの作曲により、国立音楽アカデミーで上演される。九月三〇日、『青い鳥』*L'oiseau bleu* がモスクワの芸術座で上演される(書きあげられたのは一九〇六年)。

●N・R・F創刊
★バルビュス『地獄』
☆レーニン『唯物論と経験批判論』
☆ソレル『暴力論』
◎ミンコフスキー=四次元世界の概念

1909――『マクベス』を仏訳してサン・バンドリーユで上演する。メーテルリンクの仏訳になる『マクベス』は雑誌『詩と散文』に発表されたあと、サン・バンドリーユにおける上演資料を付して雑誌『演劇解説』に転載される。

★ジード『狭き門』
☆ポアンカレ『科学と方法』

1910――『マグダラのマリア』のドイツ語訳を出版。ライプチッヒで上演。ニューヨークのニュー・シアターでは英語で上演される。『マクベス』のフランス語訳が序文とノートを付してファスケル社から出版される。『マクベス』および『修道女ベアトリス』がブリュッセルのパルク座で上演される。

●仏領赤道アフリカ成立
★ペギー『ジャンヌ・ダルクの愛徳の聖史劇』
☆ホワイトヘッドとラッセル『数学原理』(~1913)

1911――『青い鳥』がパリのレジャンヌ座で上演される。後に妻となるルネ・ダオンが出演している。ノーベル文学賞をうける。ニースに移住して、理想的な庭と家をみつける。いくぶんモール風にイブラヒム別荘と呼ばれていたこの家を〈蜜蜂荘〉と名前をかえた。『死』*La mori* の一部が英訳されてロンドンで出版される。

●アムンゼン、南極に到着
●辛亥革命
★クローデル『人質』

1912——王室の出席のもとで、ガブリエル・フォーレの指揮によって『ペレアスとメリザンド』の特別上演がおこなわれる。恋人のジョルジェット・ルブランがメリザンドを演ずる。

●中華民国成立
◎ラウエ＝結晶体によるX線の回折（ラウエ斑点）
◎ウェーゲナ＝大陸移動説

1913——社会主義者の行動を支持。
『マグダラのマリア』（三幕）*Marie-Magdeleine* がファスケル社から出版される。また、ジョルジェット・ルブランの主演でパリとニースで上演される。フランス・アカデミーへの推薦運動がおこるが、フランスへの帰化をこばむ。

★アポリネール『アルコール』
★プルースト『失われた時を求めて』第一巻『スワン家の方へ』
★ウナムーノ『生の悲劇的感情』
◎ボーア＝量子仮説を応用して原子の構造を解明

1914——軍隊に入ることを希望するがうけいれられない。
ミラノのスカラ座で《祖国のために》*Paur la Patrie* というタイトルで講演をおこなう。この講演は後に『戦争の傷あと』（エッセイ）*Les débris de la guerre* におさめられる。幽霊、テレパシー、霊媒などをあつかった『見知らぬ客』（エッセイ）*L'hôte inconnu* の英語訳が出版される。

●第一次世界大戦勃発（～ 1918）
●パナマ運河開通
★ジード『法王庁の抜穴』

1915——『アルベール王』*Le rai Albert*（仮り綴じ本）を出版。
イタリア、イギリス、スペインに講演旅行に出かけるが、スペインではあらゆるプロパガンダを政府から禁じられる。

★ロラン『戦乱を越えて』
◎アインシュタイン＝一般相対性理論

1916——『戦争の傷あと』がファスケル社から出版される。

★ジョイス『若き芸術家の自画像』
★カフカ『変身』
★バルビュス『砲火』
☆レーニン『帝国主義論』

1917——『見知らぬ客』のフランス語版が出版される。

●ロシア革命勃発
★バレリー『若きパルク』
☆レーニン『国家と革命』

1918——『スチルモンドの市長』（三幕劇） *Le bourgmestre de Stilemonde* がブエノス アイレスで上演される。この芝居はアルゼンチンで二〇〇以上も上演される。

『婚約』（五幕の夢幻劇、『青い鳥』の続編） *Les fiancailles* がニューヨークのシューベルト劇場において英語で上演される。《罪なきひとびとの虐殺》と《夢占い》 *Onirologie* が『二つの物語』 *Deux contes* としてクレス社から出版される。

ジョルジェット・ルブランと絶交。

●世界大戦終る
★アポリネール『カリグラム』
★魯迅『狂人日記』
☆シュペングラー『西洋の没落』
◎ボーア＝対応原理

1919——〈メダンの館〉を購入。ルネ・ダオンと結婚。アメリカを数カ月間にわたり旅行する。
エッセイ『山のなかの小径』*Le sentiers dans la montagne* をファスケル社から出版。《生活の塩》（一幕劇）に *Le sel de la vie* をくわえて『スチルモンドの市長』（三幕）をピカール・ル・ドゥーのさしえ入りでエドワール・ジョゼフ社から出版する。

●第三インターナショナル（コミンテルン）結成（～1943）
★ヘッセ『デミアン』
★バルビュス『クラルテ』
★ジード『田園交響曲』
★ビルドラック『商船テナシチー』
☆バレリー『精神の危機』
◎ラザフォード＝α粒子による原子核破壊の実験

1920——フランス語フランス文学王立アカデミー会員に任命される。レオポルド勲章をうける。スペイン旅行へ。

●戦後の世界経済恐慌
★デュアメル『サラバンの生涯と冒険』（～1932）
★バレリー『海辺の墓地』
☆ウェルズ『世界文化史』

1921——イタリア旅行をする。
エッセイ『偉大な秘密』*Le grand secret* がファスケル社から出版される。古今東西の神秘思想やオカルティズムがとりあげられている。

★ジロドゥ『シュザンヌと太平洋』
★魯迅『阿Q正伝』

1922——すでに四年前にニューヨークで英語で上演された『婚約』*Les fiancailles* がさしえ入りでファスケル社から出版。

●イタリアにファシスト政権樹立
★ジョイス『ユリシーズ』

1923——シチリア島を旅する。
『モンナ・バンナ』がコメディ・フランセーズで上演される。

★リルケ『ドイノの悲歌』
★コクトー『山師トーマ』
◎ド・ブロイ＝物質波概念の導入

1924——エジプト、ギリシャ、パレスチナを旅行。

★ブルトン『シュールレアリスム宣言』
☆スターリン『レーニン主義の基礎』

1925——『不幸の通過』*Le malheur passe*（三幕）をファイヤール社の『自由制作』誌にのせる。

★ドス・パソス『マンハッタン・トランスファー』
★モーリヤック『愛の砂漠』
☆ヒットラー『我が闘争』
◎ハイゼンベルク＝量子力学の基礎を確立

1926——モロッコなど、北アフリカを旅行。
『白蟻の生活』*La vie des termites* をファスケル社から出版『ベルニケル』（一幕）*Berniquel* をパリの『カンジッド』誌に、『死者たちの力』（四幕） *La puissance des morts* を『自由制作』誌にのせる。

★ジード『贋金つかい』
★カフカ『城』
★ベルナノス『悪魔の陽の下に』
★モンテルラン『闘牛師』
★マルロー『西欧の誘惑』
☆ホワイトヘッド『科学と近代世界』
◎シュレディンガー＝波動力学
◎エディントン『恒星内部構造論』

1927——『マリ・ビクトワール』（三幕）*Marie-Victoire* をファイヤール社から出版。
旅行記『シチリアとカラブリア』 *En Sicile et en Calabre* をクラ社から出版。

●リンドバーグ＝大西洋無着陸横断飛行に出発
★プルースト『見出された時』
★モーリヤック『テレーズ・デスケイルー』
☆ハイデッガー『存在と時間』
☆アンリ・マスペロ『古代中国史』
◎ハイゼンベルク『不確定性原理』

1928——『空間の生命』（エッセイ）*La vie de l'espace* をファスケル社から出版。

●不戦条約調印（パリにて一五ヵ国）
★D・H・ロレンス『チャタレー夫人の恋人』
★マルロー『征服者』
★ブルトン『ナジャ』

1929——旅行記『エジプトにて』 *En Egypte* をパリのフランス文学時評社から出版。これはすでに一九二五年に英語訳で『古代エジプト』*Ancient Egypt* として発表されたものである。『大夢幻劇』*La grande féerie* をファスケル社から出版。『ジュダ・ド・ケリオート』*Judas de Kerioth* をファイヤール社の『自由制作』誌に掲載。

●世界経済大恐慌始まる（～ 1930）
●ツェッペリン号世界一周
★ヘミングウェイ『武器よさらば』
★コクトー『怖るべき子供たち』
★サン・テグジュペリ『南方飛行便』
★ダビ『北ホテル』
◎ハイゼンベルク、パウリ＝量子電磁力学
◎フレミング＝ペニシリンの発明

1930——『蟻の生活』（エッセイ） *La vie des fourmis* をファスケル社から出版。
ニースのボロン山のふもとにあるカステラマールの城館を入手し、オルラモンドと名づけてそこに住む。

★マルロー『王道』
★ドス・パソス『U・S・A』（～1936）
☆オルテガ『大衆の反乱』
◎ディラック＝陽電子の理論（空孔理論）

1931——

●日本中国東北侵略
★サン・テグジュペリ『夜間飛行』
◎パウリ＝ニュートリノの仮説

1932——『ガラスの蜘蛛』（エッセイ） *L'araignée de verre* をファスケル社から出版。
七〇歳の誕生日に伯爵の称号をうける。

★フォークナー『八月の光』
★セリーヌ『夜の果てへの旅』
☆ピアジェ『児童の道徳的判断』
◎チャドウィック＝中性子の発見
◎アンダーソン＝陽電子の発見

1933——『偉大な掟』（エッセイ） *La grande loi* をファスケル社から出版。

●ナチス、政権獲得
●フランスにスタビスキー事件
★マルロー『人間の条件』
☆フレーザー『原始宗教における死の恐怖』

1934——『深い沈黙のくる前に』（エッセイ）*Avant le grand silence* をファスケル社から出版。

●パリに右翼暴動。左右両派の衝突
☆トインビー『歴史の研究』
◎フェルミ＝ベータ線放射の理論

1935——『プリンセス・イザベル』（二〇景の戯曲）*La Princesse Isabelle* をファスケル社から出版。

●フランスの人民戦線結成
☆アラゴン『社会主義レアリズムのために』
◎湯川秀樹＝中間子概念の導入（核力の理論）

1936——フランス道徳政治アカデミー会員にえらばれる。『砂時計』（エッセイ）*Le sablier* と『つばさの影』（エッセイ）*L'ombre des ailes* をファスケル社から出版。

●ナチ・ドイツ、ラインラント進駐
●スペイン内戦
☆ジード『ソビエト紀行』
◎オパーリン『生命の起源』

1937——『神の前で』（エッセイ）*Devant Dieu* をファスケル社から出版。

●日独伊防共協定
★マルロー『希望』
★アヌーイユ『荷物のない旅行者』

1938——

●ミュンヘン会談
★サルトル『嘔吐』

1939――『大きなトビラ』（エッセイ）*La grande porte* をファスケル社から出版。世界大戦勃発のときポルトガルに滞在。その後アメリカにわたりニューヨークやパームビーチに滞在する。

●第二次世界大戦勃発
★ジロドゥ『オンディーヌ』
★サルトル『壁』

1940――

●ドイツ軍のパリ侵入
●日独伊三国同盟
☆毛沢東『新民主主義論』

1941――

●太平洋戦争勃発

1942――『来世、あるいは星時計』（エッセイ） *L'autre monde ou le cadran stellaire* をファスケル社とニューヨークのメゾン・フランセーズ社（フランス書房）から出版。

●フランス、レジスタンス国民解放戦線結成
★カミュ『異邦人』
★アラゴン『エルザの目』
★エリュアール『詩と真実』
★ベルコール『海の沈黙』
◎フェルミ＝ウランの核分裂連鎖反応に成功

1943――

●イタリア、連合軍に降伏
☆サルトル『存在と無』

1944——

●パリ解放

1945——

●ポツダム宣言
●日本無条件降伏

1946——肺炎になるが、ペニシリンでたすかる。

●国連第一回総会
●フランス第四共和政府成立
●インドシナ戦争
★プレベール『ことば』
★バレリー『わがファウスト』

1947——ニューヨークを去り、マルセイユにつく。ニースにかえる。

●コミンフォルム設置
★カミュ『ペスト』
★マルロー『芸術心理学』

1948——『ジャンヌ・ダルク』（一二場の戯曲）*Jeanne d'Arc* と『青い泡——幸福な回想』*Bulles bleues* をモナコのロシェ書店から出版。ブリュッセルのクラブ・デュ・リーブル・デュ・モワ書店も『青い泡』を出版。

●世界人権宣言
●ソ連のベルリン封鎖はじまる
☆ウィナー『サイバネティックス』
◎バーディン／ブラッテーン＝トランジスターを発明

1949——五月、ニースで死去。八六歳。

●北大西洋条約調印・NATO成立
●中華人民共和国成立
★ボーボワール『第二の性』
★アラゴン『レ・コミュニスト』
★ジャン・ジュネ『泥棒日記』

1954——ハトに関するエッセイをふくむ『昆虫と花』*Insectes et fleurs* がガリマール＝ファスケルから出版される。

1959——『未刊の戯曲』（《セテュバル神》《三人の法官》《最後の審判》）がデルデュカ社から出版される。

＊この年表はR・O・J・ヴァン・ニュフェルの「メーテルリンク年表」（雑誌「ヨーロッパ」1962）とアレックス・パスキエ『メーテルリンク』（ラ・ルネッサンス・デュ・リーブル、1963）をもとにして作成した。

訳者あとがき

尾崎和郎

〈青い鳥〉と〈世界霊魂〉

本書『白蟻の生活』はメーテルリンク(Maurice Maeterlinck モーリス・メッテルラーンク)が一九二六年に発表した“La Vie des Termites”(Fasquelle 一九二七年版)の全訳である。

いまから約一〇年まえの一九六八年にプロン社(Plon)から『蜜蜂の生活』と『蟻の生活』をあわせ、三部作のかたちで出版されたテキストには約一〇〇行ばかりの追加がおこなわれているが、いつ、どのような形で追加されたのかあきらかでないので、追加には触れないで発表当時のままのファスケル版を訳出した。

メーテルリンクといえば、ことさらしくいうまでもないが、すぐに思いうかぶのは『青い鳥』である。よちよち歩きの幼児でさえもチルチル、ミチルを知っている。『青い鳥』は古今東西の文学作品中もっともよく知られ、もっとも親しまれる作品であるといっても過言ではあるまい。世界の大部分の国において、『青い鳥』はグリムやアンデルセンやペローの童話ばかりか、その国の民話以上に、子供の心に永遠に消えることのない強烈な印象をきざみつけるはずである。

しかし、幼いころにこの夢幻劇を部分的に絵本で読んだり、おとなから話をきいたり、あるいは、児童劇のかたちで上演されるのを見たあとは、このフラマンの劇作家と永遠のお別れである。音楽好きであれば、『ペレアスとメリザンド』によってメーテルリンクにふたたびめぐりあう機会もあるが、大多数のひとは〈幸福の青い鳥〉ということばをときおり思いだすばかりである。

とりわけ第二次大戦後はメーテルリンクは『青い鳥』の作者としてのみ知られ、他の作品はがいして軽んじられているが、かつてはイプセンやストリンドベリなどとともに、日本の新劇界にも新生な息吹きを送りこんだものである。

わたしの手もとにある一九二三年発行の近代劇大系第一〇巻(近代劇大系刊行会)には、『群盲』、『闖入者』、『タンタジールの死』、『ペレアスとメリザンド』、『アグラヴェーヌとセリセット』、『モンナ・ヴァンナ』、『青い鳥』が入っており、また、一九二七年発行の近代劇全集（第一書房）第二四巻には『タンタヂイルの死』、『部屋の中』、『潜み入る者』、『ペレアスとメリザンド』がおさめられている。

このようにその主要な作品のほとんどが翻訳、紹介されたということは、オクターヴ・ミルボーによって〈ベルギーのシェイクスピア〉と呼ばれたこの劇作家が、かつて、いかに強く、大きな影響力をもっていたかを物語るものである。

現在の状況をみると今昔の感をいだかざるをえないが、『ゴドーを待ちながら』や映画『去年マリエンバードで』などの元祖をメーテルリンクの芝居のなかに見出す批評家もあり、いまなお彼が後の時代にとって汲みつくせぬ泉であることにかわりはない。

メーテルリンクは『白蟻の生活』のほかに『蜜蜂の生活』（一九〇一年）と『蟻の生活』（一九三〇年）を書いている。これらの題名から普通われわれは科学的な著作を想像する。むろんこれらの著作は当時の最高水準の科学的知識にもとづいた昆虫に関する普及書の役割りを十分に果たしうるであろう。本書はシロアリに関して、科学的に正確な知識を過不足なく、やさしい形であたえてくれるはずである。巣の構造やつくり方、敵の迎撃法、カースト制度、被害など、いずれも科学的観察を基礎にした興味深い描写である。

しかし、一九〇七年に発表された『花の知恵』という書名からも推察しうるように、メーテルリンクの主要な目的は、昆虫の生態を科学的に観察し、描写し、紹介することではない。それはまず第一に、「シロアリの文明」と人類の文明とを比較検討すること、二番目としては、生物、無生物を問わず、この宇宙を支配する「普遍的霊魂」をさぐることである。

まず最初の問題についていえば、彼の基本的な立場は、シロアリが比喩的な意味ではなくて、人間社会とおなじような意味での昆虫社会を形成しているということである。彼は〈シロアリの文明〉ということばを決してユーモラスに用いているのではない。彼はシロアリの生き方や生活、そのコロニーなどに、人間の生き方や社会がそのまま反映していると見るのである。

彼がシロアリに驚嘆し、感動し、心をとらえられるのは、かれらがさだめられた役割り、職務、義務を黙々として遂行するからである。かれらは文字通り暗黒の世界にあって、その目的も意味も理解することなく、さだめられた道をのろのろとすすんでいく。かれらは盲目の暗い情念にひきずられ、一種の宿命にしたがって、結局は虚無へと消えていく。

メーテルリンクのこのような見方は多分に自然主義のものである。なるほど彼のなかにはボッシュやブリューゲルに通じるものが見出されるとされている。そして、一般に彼はサンボリストとみなされている。それゆえ、このフラマンの詩人をナチュラリスムの系列に組みいれようとするのは、一見、無謀で、奇異で、見当ちがいにみえるかもしれない。一般にはサンボリスムとナチュラリスムは相対立するものである。そして、彼が登場するのは自然主義の破産が叫ばれる時代である。

しかし、一八八〇年代に自然主義の破産を声高に叫んだのはサンボリストではない。ブリュンチエールのようなカトリック教徒が道徳的な叫びをあげたのであって、そこには文学的思想的な意味はあまりない。おそらく、一般に考えるほど、ナチュラリスムとサンボリスムはあいいれないものではないであろう。

そうでなければ、サンボリストの泰斗マラルメがゾラに好意をもつはずはないし、また、サンボリスムを文学的出発点とするジイドがゾラの作品を高く評価するはずもない。そして、何よりもわすれてならないことは、メーテルリンクを最初に激賞して文壇に登場させたのが、最後のナチュラリストとみなされるミルボーであったということである。いずれにしろ、時代的にみて、メーテルリンクは自然主義の潮流のなかにどっぷりつかっていたことは事実である。

一八九〇年に『ル・フィガロ』紙上でミルボーが称賛した『マレーヌ姫』（一八九〇年）や『群盲』（一九一一年）などの作品は、なるほど表面的には自然主義的演劇ではない。しかし、暗黒の世界を強いられ、それを宿命として受容する群盲の姿、この世界に光りはなく、重い苦悩のみを背負ってさまようひとびと、あるいは、圧倒的に力強い何ものかにおしひしがれ、結局は無力感をいだきながら、死と虚無のなかにのみこまれていくひとびと、これらを共感をこめて描くメーテルリンクの世界の底をながれているのは、ほかならぬ自然主義の思想である。

重く暗い宿命、悲劇的な運命、自然のきびしい掟などにおしひしがれながら生きる人間にたいするメーテルリンクの共感は、さらにすすんで、同じように自然の掟にしばられ、暗い盲目の生活を宿命のように背負って生きる昆虫にむけられる。というよりも彼は昆虫が盲目的に、黙々としていとなむ生活のなかに、人間の生活の縮図を見出す。人間は知能（intelligence）によって生き、昆虫は本能（instinct）によって生きるというが、はたして両者の生活や社会に差違があるのか、これがメーテルリンクをとらえた疑問である。

一六世紀末のフランスの哲学者モンテーニュは、多くの書物を読み、深い思索をする人間がつくった社会よりも、まったく無学な昆虫の社会の方がはるかにすぐれているといって、不寛容と不信と闘争のうずまく人間社会にたいする絶望を表明したが、このモラリストが昆虫社会を上位におくのはまったくの比喩である。それにたいして、組織だった、統制のとれた昆虫社会を人間社会よりも上位におくメーテルリンクの気持ちのなかには、真剣さと深刻さが見出される。彼によれば、決定論的な世界のなかで呻吟しながら生きつづけるシロアリをモデルとして、われわれは生活や社会を見なおさなければならないのである。

今西錦司によればサルの社会というのは科学的、生物学的に正しいが、アリの社会というのは擬人化であり、純粋な比喩である。一匹のシロアリはひとりの人間や一匹のサルとはまったく異る。シロアリの一つの巣、一つのコロニーは一つの社会ではない。一つのコロニーがひとりの人間にひとしい。いいかえれば、シロアリの一集団は〈超個体的個体〉と呼ばれるべきなのである。

メーテルリンクはシロアリの一集団が、人間やサルの社会とは本質的に異るという科学的な考え方に無縁である。今西錦司はその独創的な進化論や霊長類の観察にもとづいて、生物の社会とは何かということを学問的に定義づけたが、メーテルリンクはおよそこのような生物学を無視ないし飛びこえて、さらに先にすすむ。彼がそれを無視するのは、彼が生物学に無知であるためではない。それは彼特有の哲学によって人間や他の生物の生き方を解釈するからである。

一匹のシロアリがひとりの人間や一匹のサルとはちがうということは、彼にとってはとるにたりない些細な問題である。彼にとっての重大問題は、人間やサルやシロアリがどのようにこの世界を構成し、どのように進化していくかを解明することではなく、人間やサルやシロアリばかりでなく、細胞さえも一生物とみなし、それらを平等に同次元におき、これらの生物をうごかしているもの、あるいは無生物をもふくめてこの世界を支配している未知なもの、いいかえれば、「世界霊魂」ないし「普遍的霊魂」を見出すことである。

これが『白蟻の生活』を執筆した主要な意図にほかならない。いいかえれば、メーテルリンクの真の目的は、シロアリの社会が人間社会の縮図であることを示すことでもなければ、また、「われわれの未来の、皮肉で、にがいヴィジョン」を提供することでもない。彼はこのような社会学的関心や興味から完全にときはなたれている。彼はこのようないわば常識的な興味や関心をこえて、はるか高次元の世界に目をうつし、無限の宇宙を支配する〈未知なもの〉や〈見えざるもの〉の正体がつかみたいのである。

彼は哲学者と呼ばれることがある。そして、しばしば神秘主義の流れのなかに位置づけられる。むろん彼自身は何よりも詩人であることをのぞみ、哲学者であることを否認する。また、「私は神秘主義者ではない」、「私は啓示をもたない」といって、神秘主義の系列にいれられることをも拒否する。

しかし、彼の処女詩集『温室』(一九一四年)には一三世紀のフラマンの神秘主義ファン・リュイスブロックの影響が見出され、実際、彼はこの神秘主義的神学者の著作の翻訳と紹介をおこなっている。それゆえ、彼の文学あるいは哲学のなかには、当然、出発点のミスティシズムが色濃く残っていることは否定できないところである。

もちろん彼自身が否定するように、彼の思想はミスティシズムのせまいワクのなかにおさまるものではないであろう。彼が哲学や思想としての神秘主義に興味をいだいていないのはあきらかである。むしろ彼は通常の理解をこえるあらゆる不可解な事象や現象、あらゆる神秘なもの、不可知なもの、未知なものにひかれるのである。たとえば、死後の世界、幽霊、霊媒、テレパシーなど、科学的常識的な見地からは愚劣で、幼稚で、たわいないものとして一笑に付されるものが彼を強くひきつける。そして、彼はこのような超自然的現象を肯定する立場にたって、『死』(一九一一年)、『見知らぬ客』(一九一四年)、『大きな秘密』(一九二一年)などをはじめとして、この種の著作を数多く発表する。彼はこれらの著作のなかで、オカルティズム、カバラ、神智学、心霊学、錬金術、グノーシス説など、古今東西のあらゆる神秘学を援用して、これらの現象の正当性を立証しようとしている。

彼がこのような現象に深入りするのは、生物ばかりでなく、無生物や死者をも支配し、動かしている何か未知なものの正体を知りたいからである。茫々として、えたいの知れない暗うつなこの世界、無限の空間と時間とをもつこの宇宙の中枢にあって、この宇宙を支配し、その動きを規制している何ものかが存在するという思いが、彼につきまってはなれない。

子供用のおとぎ話とみなされている夢幻劇『青い鳥』(初演、モスクワ一九〇八年、パリ一九一一年)もまた、作者のこのような思いと願望によって、ささえられていることはあきらかである。

われわれはしばしば〈幸福の青い鳥〉ということばを用いる。そして、〈青い鳥〉というのは〈幸福の使者〉であると考えている。しかし、登場人物のひとりであるカシワの木が、「青い鳥、いいかえれば事物と幸福との秘密」と語るように、青い鳥はいくぶんかは幸福を意味するものの、単にそればかりでなく、世界のもろもろの事象の秘密をさし示す。いわばそれは〈世界霊魂〉を、たのしく、うつくしく、夢幻劇の舞台に具体化したものにほかならないのである。

青い鳥がもろもろの事象や幸福の秘密のカギをにぎり、〈世界霊魂〉がこの世界を動かし支配しているというメーテルリンクの発想のなかには、すべてを一挙に知りたいという性急さが見出されるように思われる。『白蟻の生活』のなかにも、天才パスカルの一〇倍もすぐれた人物を多数生みだすことができれば、この世界の意味や仕組みをはやく知ることができるであろうと書いている。一刻もはやく青い鳥をつかまえ、世界の内側をのぞきこみたいのである。

われわれの周囲には未知なものが無数に見出される。また、われわれは数かぎりない不幸や悲惨がうずまく世界のなかで生きている。そして、われわれは、未知なものを一挙に既知のものにかえ、不幸を一瞬のうちに幸福に転化しうる術を切に手にいれたいと思う。しかし、それをなしうるのは、空想の産物「青い鳥」のみである。かつては宗教がマイナスのカードを一挙にプラスのカードに転換する夢をあたえていたが、ルネッサンス以来、宗教の権威はくずれさった。「より高い魂」がこの世界を支配するという神話がくずれさったところにブレーズ・パスカルの苦悩と悲劇があった。

われわれは科学的思考という、いわば素手で未知を既知にかえ、不幸を幸福に転化しなければならない。数百万年の人類の進化の歴史のなかで、現在、われわれはようやく深い闇からでようとしているところである。われわれの文明も知能も頂点に達しているわけではなくてようやく曙光をむかえたばかりである。われわれの事業が遅々としてすすまず、世界が悲惨と未知にあふれているとしても、われわれは、すべてを一挙に解決してくれる〈青い鳥〉や、チルチルが光りの女神からもらうあのダイヤモンドを現実世界のなかで安易に手にいれようとしてはならないであろう。

この翻訳が日の目をみるにあたっては多くの方々からご助力とご教示をたまわった。ここにお礼を申しあげたい。とりわけ、翻訳をすすめて下さった哲学者、アリ研究家の馬場喜敬さん、生物学の基礎知識をあたえて下さった元島根大学教授斎藤真太郎さん、いろいろとこまかい点に心をくばって下さった工作舎編集部の田辺澄江さんには深甚の謝意をお伝えしたい。

一九八一年二月六日・記

◉著者紹介

モーリス・メーテルリンク Maurice Maeterlinck（一八六二―一九四九）

一八六二年八月二九日、ベルギーの河港都市、ガンに生まれる。ガン大学法学部に学び、弁護士への道が開かれていたが、法廷に立つよりも文学の道を選びパリへ渡る。詩集『温室』、戯曲『マレーヌ王女』『闖入者』『ペレアスとメリザンド』などで一九世紀末の文壇に踊り出る。世界的に有名な戯曲『青い鳥』は一九〇六年の作。一九一一年、ノーベル文学賞を受賞している。「博物神秘学者メーテルリンク」を伝える昆虫三部作『蜜蜂の生活』（一九〇一）、『白蟻の生活』（一九二六）、『蟻の生活』（一九三〇）は社会的昆虫の生活をテーマとした博物文学の名品。また、美しい科学エッセイ『花の知恵』（一九一二）をはじめとする植物に関する著書もいくつかある。園芸好きの父の影響か、ニースの〈蜜蜂荘〉を理想的な庭と家として、こよなく愛したという。

◉訳者紹介

尾崎和郎（おざき　かずお）

一九三一年、大阪生まれ。京都大学文学部仏文科、修士課程を修了。現在、成城大学文芸学部ヨーロッパ文化学科教授。訳書にJ・ドレ『ジイドの青春』（共訳・みすず書房）、P・マルチノー『フランス自然主義』（朝日出版社）、F・デュラン『北欧文学史』（共訳・クセジュ文庫）ほかがある。専門はフランスの小説、とくに自然主義小説。『エミール・ゾラ――人と思想』（清水書院）などがある。

白蟻の生活

発行日――一九八一年七月五日初版発行　二〇〇〇年一一月三〇日改訂版第一刷発行
著者――M・メーテルリンク
訳者――尾崎和郎
編集――田辺澄江
エディトリアル・デザイン――宮城安総＋小泉まどか
印刷・製本――文唱堂印刷株式会社
発行者――中上千里夫
発行――工作舎 editorial corporation for human becoming
〒150-0046 東京都渋谷区松濤2-21-3 phone:03-3465-5251 fax: 03-3465-5254
URL http://www.kousakusha.co.jp e-mail:saturn@kousakusha.co.jp
ISBN4-87502-340-5

蜜蜂の生活　改訂版

◆M・メーテルリンク　山下知夫＋橋本 綱＝訳

『青い鳥』の詩人の、博物神秘学者の面目躍如となった昆虫３部作の第一弾。蜜蜂の生態を克明に観察し、その社会を統率している「巣の精神」に地球の未来を読みとる。

●四六判上製●２９６頁●定価　本体２２００円＋税

蟻の生活　改訂版

◆M・メーテルリンク　田中義廣＝訳

昆虫３部作の完結編。蟻たちが繰り広げる光景は、人間の認識を超えていた！　劇作家・別役実が「生命の神秘に迫る智慧の書である」と絶賛した。

●四六判上製●１９６頁●定価　本体１９００円＋税

花の知恵

２００１年春増刷予定

◆M・メーテルリンク　高尾 歩＝訳

花々が生きるためのドラマには、ダンスあり、発明あり、悲劇あり。大地に根づくという不動の運命に、激しくも美しい抵抗を繰り広げる。植物の未知なる素顔をまとめた美しいエッセイ。

●四六判上製●１４８頁●定価　本体１５００円＋税

コルテスの海

◆ジョン・スタインベック　吉村則子＋西田美諸子＝訳

『エデンの東』『怒りの葡萄』のノーベル文学賞作家による清冽な航海記。カリフォルニア湾の小さな生物たちを観察する眼はまた、人間社会への鋭い批判の眼でもあった。本邦初訳。

●四六判上製●３９６頁●定価　本体２５００円＋税

屋久島の時間（とき）

◆星川 淳

世界遺産、屋久島に移り住んで半農半著生活を続ける著者が綴る、とびきりの春夏秋冬。雪の温泉で身を清める新年からマツムシの大合唱を聴く秋まで、自然との共生を教えてくれる好著。

●四六判上製●２３２頁●定価　本体１９００円＋税

7/10（セブン・テンス）

◆ジェームズ・ハミルトン＝パターソン　西田美緒子＋吉村則子＝訳

地球の７／10は海、人体の７／10は水。この数字の妙に魅了された詩人が、海と人間の関わり、移りゆく地球の姿を綴る。海図づくり、海賊と流浪の民、難破船と死、深海の魅惑など。

●A５判上製●３００頁●定価　本体２９００円＋税

恋する植物

◆ジャン＝マリー・ペルト　ベカエール直美＝訳

虫や鳥を相手に「恋の手練手管」を磨きあげ、30億年余にわたって進化してきた花たち。ヨーロッパでもっとも人気のある植物学者の詩情とユーモアあふれる植物談義。

●四六判上製●３８８頁●定価　本体２５００円＋税

植物たちの秘密の言葉

◆ジャン＝マリー・ペルト　ベカエール直美＝訳

植物には、知覚力も記憶力もある。化学物質という言葉を媒介に敵の存在を仲間に知らせるといったコミュニケーションさえもするという活動ぶり！　新たな植物観を開く楽しい入門書。

●四六判上製●２２８頁●定価　本体２２００円＋税

滅びゆく植物

◆ジャン＝マリー・ペルト　ベカエール直美＝訳

バオバブ、オオミヤシばかりかチューリップの原種までもが絶滅の危機にある。生物多様性をテーマに、不思議ではかない植物を求めて世界各地をめぐる。

●四六判上製●２６８頁●定価　本体２６００円＋税

森の記憶

◆ロバート・P・ハリスン　金　利光＝訳

森を切り開くことから文明は始まった。ヴィーコの言葉に導かれて、古代神話、中世騎士物語、グリム童話からソローの森まで、西欧文学に描かれた「森」の意味をたどる。

●Ａ５判上製●３７６頁●定価　本体３８００円＋税

愛しのペット

◆ミダス・デッケルス　伴田良輔＝監修　堀　千恵子＝訳

誰もがあえて避けてきた「禁断の領域＝獣姦」を人気生物学者が、ウィットに富んだ知的な語り口で赤裸々につづった欧米の話題作、ついに登場！　古今東西の獣姦図版88点収録。

●Ａ５変型上製●３２８頁●定価　本体３２００円＋税

動物たちの生きる知恵

◆ヘルムート・トリブッチ　渡辺　正＝訳

ロータリーエンジンの考案者バクテリア、ハキリバチが作るモルタルの育児室、白蟻の空調システムつきの砦など、生き物たちの暮らしぶりが語る、環境にやさしい先端技術へのヒント。

●四六判上製●３２２頁●定価　本体２６００円＋税